# FÉLIX HÉMENT

# DE L'INSTINCT

### ET

## DE L'INTELLIGENCE

**Ouvrage couronné par l'Académie française**

(PRIX MONTYON)

## PARIS

### LIBRAIRIE CH. DELAGRAVE

15, RUE SOUFFLOT, 15

# COLLECTION LILAS

## VOLUMES IN-12 A 2 FR.

### ÉLÉGAMMENT RELIÉS EN PERCALINE ANGLAISE : 3 FR.

---

### M<sup>me</sup> AMIS

**Le carnet d'Hélène.** Illustré de 60 vignettes.

### A. ASSOLANT

**Récits de la vieille France**, FRANÇOIS BUCHAMOR. Illustré de 12 vignettes hors texte, par CH. VERNIER.

**Histoire du célèbre Pierrot**, suivie des *Aventures de Milon sans cervelle*.

### EUDOXIE DUPUIS

**La Merlette.** Illustrations par E. BAYARD.

**Daniel Hureau.** Illustrations par BAYARD.

**Cyprienne et Cyprien.** Avec illustrations.

**La France en zig-zag.** Illustrations par B. DE MONVEL.

### HENRI FABRE

**Le Livre d'Histoires.** Récits scientifiques de l'oncle Paul à ses neveux, avec illustrations.

**Le Livre des champs.** Entretiens de l'oncle Paul avec ses neveux sur les choses de l'agriculture, avec figures.

**L'Industrie.** Récits de l'oncle Paul sur l'origine, l'histoire et la fabrication des principales choses d'un emploi général dans les usages de la vie, avec 69 fig.

**Le Ménage.** Causeries d'Aurore avec ses nièces sur l'économie domestique, avec 64 figures.

**Aurore.** Cent récits sur des sujets variés, avec 89 vignettes.

**Les Auxiliaires.** Récits sur les insectes utiles à l'agriculture, avec 66 figures.

**Les Serviteurs.** Récits sur les animaux domestiques, avec 53 figures.

**Le Ciel.** Leçons élémentaires de cosmographie, avec figures.

**La Terre.** Leçons élémentaires sur la physique du globe, avec figures.

**La Physique.** Leçons élémentaires sous forme de lectures, avec figures.

**La Chimie de l'oncle Paul.** Avec figures.

**Lectures scientifiques** sur la zoologie.

**Lectures scientifiques** sur la botanique.

**La Plante.** Leçons à mon fils sur la botanique, avec figures.

### GAVARD ET PÉRIER

**Vie et Voyages du docteur David Livingstone.** Ouvrage orné de gravures et précédé d'une lettre de P. CHAIX.

### F. HÉMENT

**Menus Propos sur les sciences.** Nouv. édit. revue et corrigée.

### E. HOUET

**Pierre Dumont.** Illustré de 12 vignettes hors texte, par CH. VERNIER.

### C. JEANNEL

**Petit-Jean.** Édition illustrée de vignettes hors texte, par J. AJAC.

### H. DE LA BLANCHÈRE

**Plantes et animaux.** Récits familiers d'histoire naturelle. 30 vignettes hors texte, par A. MESNEL.

**Amis et Ennemis de l'Horticulteur.** Illustré de 188 vignettes, par A. MESNEL.

### LEILA HANOUM

**Les Contes Cosmopolites.** Illustrations par GEOFFROY, BIGOT, EUG. COURBOIN et KAUFFMANN.

### DE LAMY

**Causeries du Juge de paix**, avec illustrations

### A. LINDEN

**Les Historiettes du grand-papa Gilbert**, avec illustrations.

### HECTOR MALOT

**Romain Kalbris.**

### MAYER

**Chez nous.** Avec vignettes.

### C. DE MONTMAHOU

**Notions de botanique.** Ouvrage orné de 223 figures.

**Vie et Mœurs des insectes.** Extraits des *Mémoires de Réaumur*, avec figures. Nouvelle édition.

### VICTOR MULLER

**Le Fabuliste de la famille.** Choix de fables groupées autour de l'idée morale qu'elles renferment.

### R. DE NAJAC

**Contes à mon perroquet.** Dessins de Gaston JOURDAIN.

Sceaux. — Imprimerie Charaire et fils.

# DE L'INSTINCT

ET

## DE L'INTELLIGENCE

Ce livre est le développement d'une conférence faite pour la première fois, il y a quinze ans, au boulevard des Capucines, et depuis, dans les grandes villes de la Belgique et dans un grand nombre de villes en France.

PARIS. — IMPRIMERIE ÉMILE MARTINET, RUE MIGNON, 2.

FÉLIX HÉMENT

# DE L'INSTINCT

ET

## DE L'INTELLIGENCE

PARIS

LIBRAIRIE CH. DELAGRAVE

15, RUE SOUFFLOT, 15

1880

# TABLE DES MATIÈRES

# AVANT-PROPOS

Les animaux et l'homme accomplissent des
actes divers que nous nous proposons d'étudier.
Parmi ces actes, il en est qui exigent l'intervention de l'intelligence, et il en est d'autres qui
ne supposent ni réflexion, ni jugement, ni volonté, — les actes instinctifs, — et ce ne sont pas
les moins curieux. Le même animal peut d'ailleurs exécuter les uns et les autres. Certains
actes d'abord intelligents deviennent, par suite de
la répétition fréquente, des habitudes instinctives.
Enfin, il y a des mouvements instinctifs et des
aptitudes.

Cette variété d'actes qui se ressemblent plus ou
moins et qui se mêlent pendant la vie de l'animal,
explique la confusion qui a longtemps régné dans
ces études et l'obscurité qui enveloppe encore

certains points. Les uns n'ont voulu voir dans les animaux que des machines, les autres leur ont attribué une intelligence supérieure à la nôtre. Comme on pouvait le prévoir, la vérité n'est dans aucune de ces opinions extrêmes. Des hommes de génie comme Descartes et Buffon, des observateurs sagaces comme Leroy, des savants comme Réaumur, Reimarus, Flourens, des esprits ingénieux comme Condillac, n'ont pas toujours su discerner ce qui dépend de l'instinct de ce qui se rapporte à l'intelligence. Avec Milne-Edwards, Blanchard, Darwin, Lubbock, Joly, etc., et les philosophes contemporains, nous parvenons à voir plus clairement et plus nettement les choses. Néanmoins la difficulté de donner les définitions dès le début et de classer les divers actes avant de les avoir examinés, nous fait prendre le parti d'exposer d'abord les faits, de les analyser, afin de faire conclure les définitions de cette analyse même au fur et à mesure que les faits en fourniront les éléments.

# DE L'INSTINCT

ET

## DE L'INTELLIGENCE

---

I

Les apparences de l'instinct chez le minéral. — Attraction ;<br>Affinité.

Bien que nous n'ayons à nous occuper que des facultés mentales chez les animaux et chez l'homme, nous ne laisserons pas d'examiner dans la matière minérale et chez le végétal les phénomènes qui offrent une telle analogie avec l'instinct, que certains observateurs ont voulu y voir les rudiments de l'instinct proprement dit. Ne serait-ce d'ailleurs que pour apprécier la valeur de cette hypothèse, la raison nous paraîtrait suffisante pour commencer l'étude de l'instinct par celle des phénomènes qui s'en rapprochent.

Tout le monde a été témoin des attractions ou des répulsions qui s'exercent entre des corps électrisés ou des aimants. Rien de plus curieux et de plus saisissant, lorsqu'on l'observe pour la première fois,

1

que cette tendance de corps bruts à se rapprocher comme, sollicités par une sorte de mystérieuse sympathie, ou à s'éloigner comme poussés par quelque haine secrète. On est tout surpris de voir des corps qui ne vivent ni ne sentent, se mouvoir dans certaines circonstances. Il y a, dit-on, un mouvement vibratoire des molécules, — encore n'est-ce là qu'une

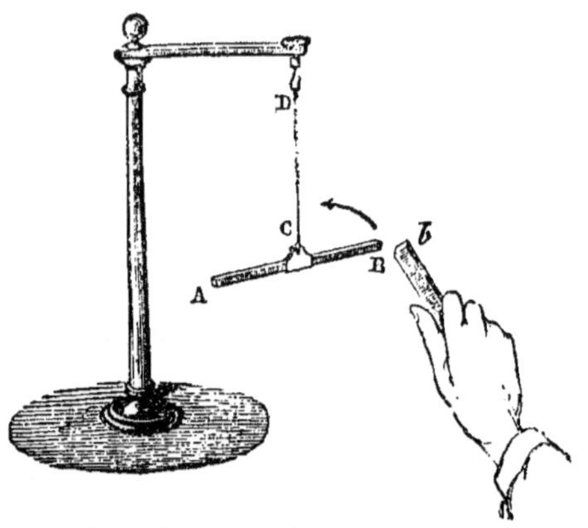

Attraction et répulsion des aimants.

hypothèse ; — mais comment ce mouvement intime, secret, invisible des molécules, se transforme-t-il en un mouvement extérieur et visible ?

Lorsqu'on énonce ces faits en disant que les aimants s'attirent ou se repoussent, selon qu'on met en regard telles ou telles de leurs extrémités qu'on nomme pôles, personne n'a pensé que cet énoncé fût une explication. Il en est de même lorsqu'on dit que la matière attire la matière. On ne saurait voir là que l'expression et non l'explication d'un fait.

Les corps célestes s'attirent ; ils se portent les uns

vers les autres *fatalement, involontairement*, disons-nous. La lune tourne autour de la terre, et, dans son mouvement, elle est unie étroitement à notre planète ; celle-ci, à son tour, circule avec toutes les autres planètes autour du soleil, et reste unie à cet astre non moins étroitement que la lune. Un lien invisible, qu'on désigne sous le nom d'attraction, règle les mouvements de tous les corps célestes, limite leurs écarts et réalise l'image d'une liberté contenue par la loi. Tous ces astres qui subissent l'attraction de l'astre central et cèdent à leurs attractions réciproques, tournent sur eux-mêmes, se balancent et tourbillonnent dans l'espace sans qu'aucune collision se produise, malgré le nombre, la variété et la prodigieuse rapidité de leurs mouvements.

Un si bel ordre, une harmonie si parfaite, tant d'astres divers emportés dans leur course rapide et néanmoins esclaves de la règle, nous semble le résultat d'une direction qui est dans les astres ou hors d'eux.

Les corps célestes ne sont pas des masses compactes de matière, mais bien des agglomérations de corps plus petits, et ceux-ci, à leur tour, sont formés de fragments plus petits encore. La plus faible parcelle de matière est un groupement de molécules unies entre elles comme le sont les corps célestes.

Comment ces molécules peuvent-elles rester unies sans se toucher. Où est le lien qui les attache et empêche le corps de se réduire en poussière ? C'est l'attraction, c'est le même lien qui unit les mondes entre eux. Entre le groupement des molécules et celui des corps célestes, entre un fragment de matière et l'univers, il n'y a qu'une différence de grandeur. Voulez-vous que cette vérité devienne évidente à vos yeux ? Dans ce fragment, augmentez par la pensée la grandeur des molécules et des intervalles qui les séparent ; rendez les uns et les autres cent, mille, un million de fois plus grands. Ce n'est pas assez encore. Le corps que nous tenions à la main a pris dans notre imagination des proportions énormes : les atomes sont devenus visibles, distincts les uns des autres. Continuez à agrandir par la pensée ce corps déjà considérable, et encore, et toujours, et voici que les molécules sont maintenant des mondes répandus dans l'espace. Chaque molécule est devenue une planète, des espaces immenses les séparent, le corps s'est transformé en un système planétaire.

Si, par un effort d'imagination, vous réduisez la grandeur du soleil, de la terre et des planètes, si vous diminuez dans la même proportion les espaces qui les séparent, vous obtenez d'abord un ensemble de corps séparés par des intervalles sensibles. Diminuez, diminuez toujours, et voici que les corps célestes sont transformés en molécules invisibles, isolées les unes des autres. Le système tout entier est devenu le corps que nous tenions dans la main.

Il y a le même rapport entre la petitesse des dernières parties de la matière et les intervalles qui les séparent, qu'entre les planètes et les espaces interplanétaires; le plus petit fragment de matière est constitué comme l'univers qui les comprend tous.

Ces molécules sont animées de mouvements comme les corps célestes, non moins variés, non moins rapides, et d'où résultent les phénomènes qu'on nomme son, lumière, chaleur, électricité.

Comment, en face de ce spectacle tout à la fois imposant par sa grandeur et charmant par ses effets, que nous offre la matière nommée brute, comment ne pas se laisser aller à la pensée d'un pouvoir qui dirige tous ces mouvements, qui gouverne la matière, ou d'un instinct dominateur et inconscient?

Cette propriété que possèdent les molécules de se précipiter les unes vers les autres, analogue à la dureté, l'élasticité, la ductilité, etc., est assurément un phénomène inconscient qui a toute l'apparence d'un penchant, d'une sympathie. Mais est-il possible d'admettre un penchant sans l'intervention du désir ou de la volonté. Une tendance, soit, dans laquelle on ne saurait voir rien de libre ni de spontané, une tendance fatale qui domine son sujet, qui l'opprime, un instinct, en un mot, ou, si l'on préfère, une propriété.

Mieux que la cohésion, l'affinité présente les caractères d'une sympathie ; en effet, les corps simples, en formant des corps.composés, ne s'associent pas, ne se *combinent* pas au hasard ; un choix involontaire, si l'on ose parler ainsi, ou, si l'on préfère, une sympathie fatale détermine des unions, des *combinaisons* plus ou moins étroites ou intimes. L'hydrogène, par exemple, ne se combine pas avec un corps quelconque, et, dans les combinaisons qu'il forme avec divers corps, on constate des degrés dans l'affinité : tandis que la tendance pour la combinaison est très vive entre l'hydrogène et le chlore, elle l'est moins entre l'hydrogène et l'oxygène, et nulle à fort peu près entre l'hydrogène et le fer. — La nature des corps n'est pas la seule cause qui influe, mais aussi la quantité : l'hydrogène et le chlore ne se combinent qu'autant qu'on met en présence un poids déterminé de chacun de ces corps. On ne saurait produire à volonté un corps *composé*, formé de poids arbitraires de chacun des éléments qui le constituent. Enfin, si un corps — l'oxygène par exemple — forme avec un autre corps — le soufre — plusieurs combinaisons, les quantités de soufre qui entrent dans chaque combinaison, comparées à la même quantité d'oxygène, sont dans des rapports simples. C'est un poids double. ou triple, ou quadruple de soufre qui s'unit à un même poids d'oxygène pour former la seconde, la troisième, la quatrième combinaison.

Dans le monde minéral, tout se fait par poids et par mesure; tous les phénomènes sont d'ordre instinctif en ce sens qu'ils sont fatals, soumis à des lois invariables et s'accomplissent de la même manière, dans des conditions identiques.

La simplicité apparente des minéraux, l'absence d'organes et de forme obligatoire nous trompent et nous portent à croire à la simplicité et à l'uniformité des phénomènes dont ils sont le siège. En y regardant de plus près, la diversité et la complication apparaissent plus qu'on ne l'aurait cru d'abord. L'attraction varie avec la masse des corps, avec la distance qui les sépare; la cohésion n'existe pas au même degré dans tous les corps; l'affinité varie avec la nature des corps entre lesquels elle se manifeste, avec la quantité absolue ou relative de ces corps.

## II

La cristallisation. — La physionomie des corps bruts.

Si le minéral n'a pas de forme obligatoire; s'il peut, sans cesser d'exister, passer par les divers états solide, liquide ou gazeux; s'il peut être amorphe ou cristallisé, il n'en est pas moins vrai, qu'on ne doit le considérer comme minéral parfait qu'autant qu'il se présente sous la forme régulière et géométrique d'un cristal.

La cohésion nous a paru une sorte de manifestation instinctive, et pourtant cette simple agrégation de molécules qu'elle provoque est bien loin du groupement régulier et invariable qui constitue le cristal!

Nous allons imaginer une expérience naïve, et cependant pleine d'intérêt, pour saisir sur le fait les molécules en train de s'associer. Prenez un morceau de sucre, mettez-le dans un verre d'eau, comme si vous alliez prendre un verre d'eau sucrée, et suivez les diverses phases de l'expérience. D'abord de nombreuses bulles toutes mignonnes, semblables à des perles, sortent tumultueusement de l'intérieur du sucre d'où les chasse le liquide, restent un instant adhérentes au sucre, s'élancent d'un trait à la surface de l'eau, soulèvent la couche superficielle extrêmement mince, la crèvent et s'échappent.

A peine sont-elles parties que le sucre se désagrège; il s'écroule, pour ainsi dire, peu à peu; les parcelles se détachent et se perdent dans la masse du liquide. Bientôt tout le sucre a disparu; cependant remarquez que la limpidité, la transparence, la mobilité du liquide ne sont modifiées en aucune manière; rien ne saurait, au premier abord, faire soupçonner dans le liquide la présence d'un corps solide.

A quel degré de ténuité doit être réduit le sucre pour défier ainsi la vue la plus perçante et se dissimuler dans d'invisibles pores? Il n'y a pas là une dissémination du solide dans le liquide, un mélange plus au moins intime, car la craie, le plâtre, réduits en poussière impalpable et mêlés au liquide, resteront en suspension pendant quelques instants, puis se déposeront presque en totalité. Il y a donc une affinité plus ou moins grande du liquide pour le solide, car le même liquide dissout les différents corps en proportions variables, et il en est même qu'il ne dissout pas.

La dissolution est donc un mélange dans des conditions particulières. Il semble que les corps, à un très grand état de division, acquièrent des propriétés qu'ils n'ont pas d'ordinaire et que leurs affinités réciproques s'en trouvent exaltées. C'est un commencement de combinaison, ce n'est pas encore la combinaison, car ce corps dissous peut être séparé du liquide simplement par l'évaporation de ce dernier. Chauffez légèrement de l'eau sucrée, et non seulement vous retrouverez la totalité du sucre après que l'eau se sera dissipée en vapeur, mais vous l'obtiendrez sous forme de cristaux d'une régularité parfaite, si l'opération a été bien conduite.

Enfin un liquide ne dissout pas des quantités quelconques d'un corps solide. On ne saurait faire dissoudre dans un verre d'eau au delà d'une certaine quantité de sucre. Cette limite atteinte, tout fragment de sucre ajouté se dépose au fond du verre. Toutefois si l'eau est chaude, sa puissance dissolvante est plus grande, tout en restant limitée. Quand un liquide renferme ainsi tout ce qu'il peut dissoudre d'un corps, on dit qu'il en est saturé.

On retrouve ici les conditions de nature, de nombre, de poids, de proportions auxquelles sont soumises les associations minérales.

Chauffez maintenant la dissolution, légèrement et continûment, de manière que l'eau s'évapore avec lenteur. Au bout d'un certain temps, l'eau aura disparu, mais le sucre restera et se déposera en masse informe au fond du vase. Dans cette masse informe dans l'ensemble, le microscope permettra de découvrir des cristaux infiniment petits.

Si avant l'évaporation, vous avez soin de disposer dans l'eau un fil tendu verticalement, les molécules du sucre, disséminées dans l'eau, se dégagent de l'étreinte des molécules aqueuses, à mesure que celles-ci se dissipent dans l'atmosphère, et viennent se fixer sur le fil. Celui-ci est bientôt recouvert de poussière cristalline. Détachez cette poussière et ne laissez qu'un seul de ces cristaux microscopiques; le mieux venu, le plus régulier. Ce cristal unique devient, à partir de ce moment, un centre d'attraction. Il appelle à lui toute la poussière cristalline répandue dans la masse liquide ; chaque fragment infiniment petit se précipite sur le cristal, se juxtapose, se soude à lui et le grossit sans en altérer la forme. Les arêtes restent nettes, les faces unies, les angles invariables.

Chaque corps a sa forme cristalline propre ; le sel cristallise en cube, l'alun en octaèdre, l'eau en

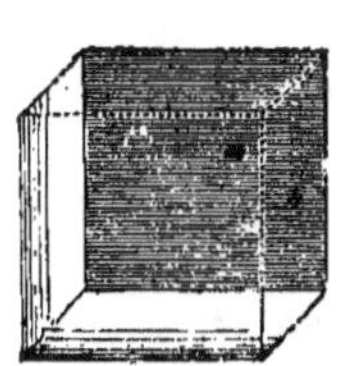

Cristal de sel.

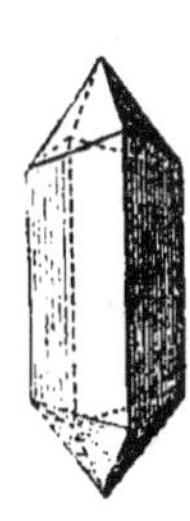

Cristal d'eau.

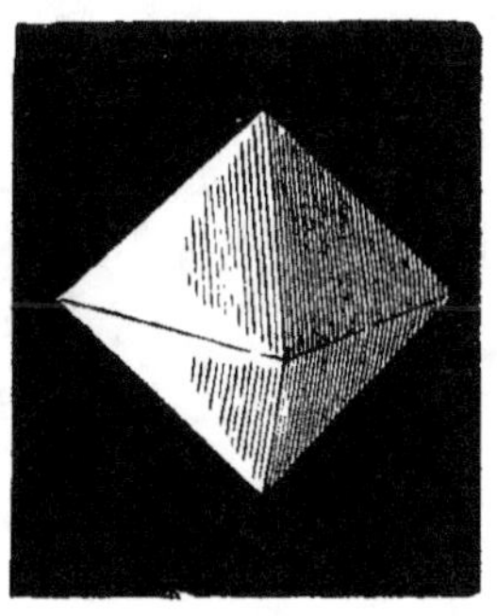

Cristal d'alun.

prisme hexagonal. Cette forme est la physionomie du corps, car elle permet tout à la fois de le reconnaître et de prévoir sa composition.

Le nombre des formes est naturellement considérable ; mais, outre qu'un certain nombre d'entre elles se ressemblent, qu'elles ne diffèrent que par la grandeur des angles et les dimensions relatives des arêtes, on peut, en les groupant avec intelligence, les ramener à six familles, ayant chacune un chef, un type de la forme duquel dérivent toutes les formes des cristaux de la même famille.

Les cristaux peuvent former des groupements,

tantôt réguliers comme les étoiles de la neige, si nombreuses, si variées, si élégantes, formées d'agglo-

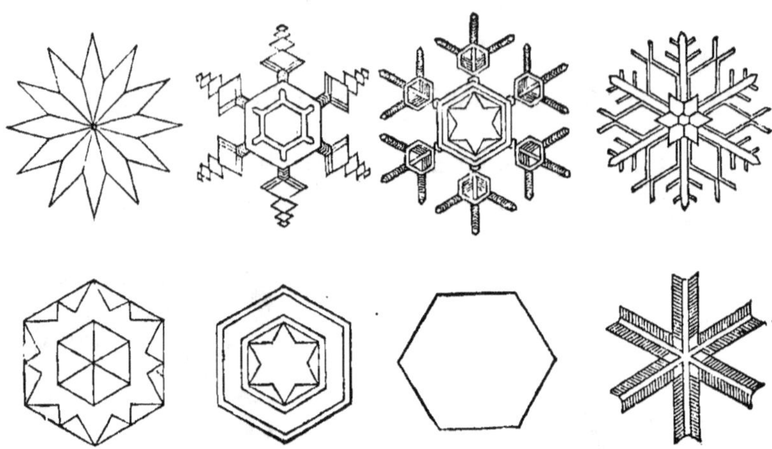

Les étoiles de neige (groupement de cristaux d'eau).

mération de fines aiguilles prismatiques, tantôt irré-

Groupe de cristaux de quartz.

guliers, comme les groupes du quartz; même dans ces groupements, toute physionomie n'est pas perdue; on reconnaît encore le corps dans le mode de groupement comme dans la forme des cristaux isolés.

Pouvions-nous passer sous silence ces actions moléculaires plus cu-rieuses encore que les précédentes? Comment ne pas être tenté de considérer comme un instinct cette *tendance involontaire* des molécules à se grouper suivant certaines lois, à donner naissance à des formes variées pour les divers corps et constantes pour le même corps? Comment ne pas être frappé par ces associations de corps inorganiques qui semblent vivre, de ces corps inertes qui paraissent sentir? Il y a un but, la cristallisation, — *inconsciemment* poursuivi, *involontairement* atteint, — une forme *parfaite propre à chaque corps*, et qui le caractérise. L'instinct gouvernant, dirigeant la matière minérale ne saurait faire davantage.

## III

Les apparences de l'instinct chez le végétal. — Directions de la tige et de la racine. — Expériences de Duhamel. — Plantes parasites.

Si nous éprouvons quelque hésitation à accorder l'instinct au minéral, nous n'avons aucune répugnance à supposer au végétal des penchants ou des tendances. C'est que le végétal est un être vivant, et qu'il nous semble que la vie comporte nécessairement la volonté, les désirs, les penchants. Comment ne pas être dupe d'apparences qui jouent si bien la réalité? Comment ne pas être trompé par les mouvements étranges qu'accomplissent les tiges, les feuilles ou les fleurs? Qu'est-ce qui ressemble plus à un penchant volontaire et irrésistible que certains actes de la vie végétale?

Dès qu'une graine germe, dès que sa tigelle et sa

radicule, ces rudiments de la tige et de la racine, se montrent, chacune manifeste sa tendance propre. La première s'élève, gagne la surface du sol et continue son mouvement ascensionnel; l'autre se dirige

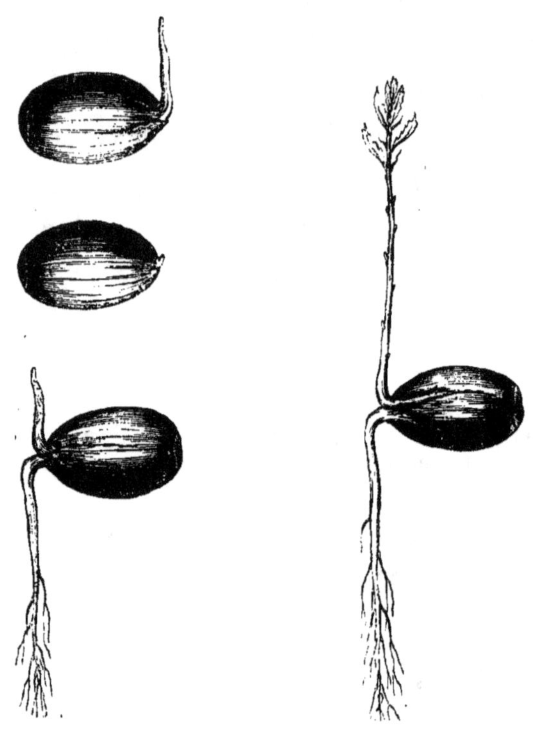

Graines germant.

de haut en bas et pénètre de plus en plus profondément dans la terre. L'une va demander à l'atmosphère, et l'autre au sol, des éléments différents mais également nécessaires à la vie de la plante. Leur constitution même se modifie en raison de la diversité de leurs fonctions. Or, rien ne saurait changer les directions prises; ni la position de la graine, ni les obstacles que rencontrent les organes dans leur développement, ni les difficultés qu'on leur crée pour paralyser leurs efforts. On connaît les expériences curieuses instituées par Duhamel dans le but de contrarier les tendances naturelles de la tige et de la racine, tentatives infructueuses qui n'ont fait que rendre ces tendances plus évidentes encore. Dans un tube de verre qui contient de la terre, on sème une graine quelconque, — gland ou haricot. — On peut voir à travers le verre le développement de la tigelle et de la radicule; chacune obéit à ses tendances respectives : la racine se dirige vers le bas, la tige vers le haut. On retourne alors le tube sens dessus dessous, de manière que la racine et la tige soient dirigées en sens contraire de leurs premières directions. On voit alors chacune d'elles se recourber, faire un crochet et reprendre sa direction primitive. De nouveau on retourne le tube, et racine et tige de se recourber de nouveau. Chaque renversement du tube est suivi d'une nouvelle inflexion de la tige et de la racine, et, si la pièce où a lieu l'expérience est éclairée d'un seul côté par les croisées, on observera que dans ses inflexions la tige se tourne du côté de la lumière, et la racine vers la partie obscure de la pièce.

On conviendra que rien ne ressemble plus à un instinct que cette invincible obstination des organes de la plante; le mouvement paraît avoir son point de départ dans la plante et non dans une impulsion venue du dehors; toutes les apparences d'une volonté énergique se manifestent, et pourtant il ne paraît pas douteux que la volonté est absente. Qu'en faudrait-il conclure, sinon que la cause de ces mouvements est extérieure, qu'elle n'est pas dans l'être qui les manifeste.

Nous connaissons tous, de nom au moins, par

Le gui.

l'histoire de notre pays, le gui, cette plante vénérée des Gaulois, que leurs prêtres — les druides —

coupaient une fois l'an, en grande cérémonie. C'est une plante parasite, c'est-à-dire qui vit sur d'autres plantes et à leurs dépens. — Eh bien, lorsqu'une graine de gui transportée par quelque oiseau est fixée sur l'écorce de l'arbre où elle va vivre, sa racine se dirige non de haut en bas, mais vers l'intérieur du tronc ou de la branche dont elle fait son sol!... et la tige s'avance en sens contraire.

Cependant, malgré des manières de vivre si différentes, tige et racine sont en quelque sorte un organe unique et peuvent mutuellement se remplacer. C'est ainsi que Duhamel, ayant arraché des saules, les planta en sens inverse, c'est-à-dire les branches en terre et les racines en l'air. La métamorphose fut bientôt accomplie : les racines devinrent des rameaux et les rameaux se transformèrent en racines.

Si l'instinct est une tendance à laquelle obéit involontairement l'animal, s'il y est soumis comme son corps l'est à la pesanteur, en quoi ce penchant inné et fatal diffère-t-il de ce que nous observons dans les mouvements de la racine et de la tige? La plante a de moins que l'animal les facultés mentales, soit ; mais précisément dans les actes instinctifs ces facultés n'interviennent pas. L'animal ne paraît pas les utiliser et se trouve dès lors réduit au rôle de plante.

Tel est le raisonnement naturel qui conduit à assimiler les mouvements des plantes à des phénomènes instinctifs.

Mais poursuivons; voyons d'autres exemples :

Une graine emportée par le vent s'en vient par un soupirail tomber dans une cave. Là, elle trouve un peu de terre humide, de l'air vicié et une faible lumière ; en un mot tous les éléments nécessaires à la germination, mais de qualité inférieure, si l'on ose parler ainsi. Sur ce sol ingrat, dans ce lieu obscur où manque l'air vivifiant, elle va pourtant germer et donner naissance à une plante ; mais tandis qu'à l'air libre, dans un milieu normal et dans des conditions favorables, la tige eût été courte, trapue, colorée, dans la cave, au contraire, la tige est longue, grêle et pâle. Elle s'amincit, s'effile pour ainsi dire, tout en se dirigeant vers le soupirail par où lui vient l'air et la lumière. On n'observe pas impunément tant d'efforts silencieux et continus ; on s'intéresse à cet être vivant qui montre les apparences de la souffrance. Parviendra-t-elle à sortir de sa prison, à gagner l'air pur du dehors, à recevoir quelques rayons de ce soleil vers lequel elle aspire et qu'elle semble voir ou deviner? Est-elle dirigée par quelque sens exquis

propre aux végétaux ou obéit-elle à une loi générale
qui porterait tout être à rechercher les conditions favorables à son développement et à sa perfection? Mais
alors, en quoi ces actes différeraient-ils des actes instinctifs?

Passons à d'autres faits. Voici une plante qui a
poussé sur la faible couche de terre qui recouvre
un roc. Rien ne semble moins favorable au développement des racines; cependant celles-ci ont pris
un développement tout à fait inattendu et même
anormal; elles se sont insinuées dans les fissures du
rocher, et là lentement mais avec continuité, par
une suite infinie d'efforts presque insensibles, cette
racine de nature délicate, dont le tissu est mou,
spongieux, sans résistance, sans force, sans élasticité,
est devenue un coin puissant qui écarte les parties du
roc. Elle a pu accomplir ce travail gigantesque
grâce à la persistance de sa faible action, tant il est
vrai que pour triompher d'un obstacle, ce qui importe, c'est bien moins un effort violent et subit,
qu'une action lente et continue.

Pourquoi tant d'efforts ont-ils été dépensés? Dans
quel but un résultat relativement si considérable a-t-
il été obtenu? Voulez-vous le savoir, suivez les racines à la piste : elles vont droit, à travers le roc, à
une source que le roc les empêchait d'atteindre.

Elles n'ont pas tourné l'obstacle, elles l'ont brisé!

Ces frêles organes ont-ils un flair subtil, un toucher délicat qui leur permet de se diriger si sûrement, ou bien un instinct les a-t-il conduits à la source désirée? Leur marche n'est-elle pas fatale, sûre et de plus nécessaire, car allant à la source, elles vont à la vie...

Nous n'en finirions pas avec la nature végétale, et, de plus en plus, la variété, l'abondance et l'étrangeté des faits nous sollicitent à accorder aux plantes l'instinct sous ses deux formes les plus saisissantes, dans la conservation de l'individu et dans celle de l'espèce.

## IV

Les voyages du pollen. — La renoncule aquatique. — La vallisnérie.
La sensitive. — Les mouvements des plantes.

Les voyages du pollen sont plus extraordinaires encore : on sait qu'une fleur complète contient deux organes essentiels, le pistil et les étamines, destinés à assurer la perpétuité de l'espèce. A la base du pistil se trouve l'ovaire qui renferme les ovules ou graines futures; les étamines portent, à leur extrémité libre, des sortes de petits sachets ou anthères remplis de poussière fécondante ou pollen. Pour devenir de véritables graines, les ovules doivent être saupoudrées de pollen ; à cette condition seule le

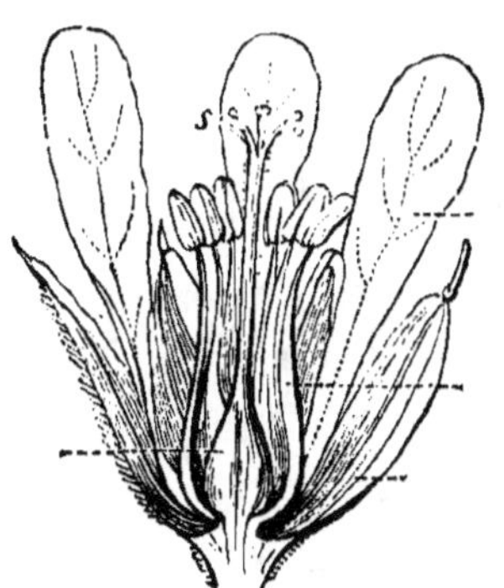

Fleur coupée montrant
tous ses organes.

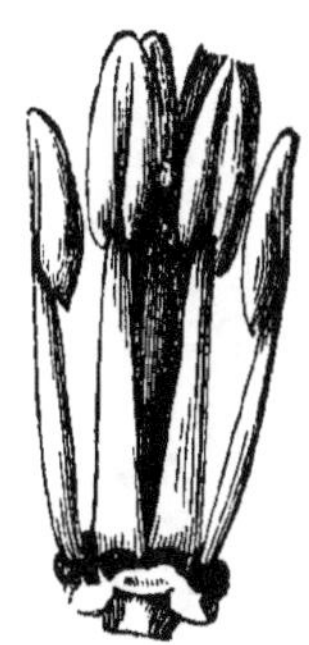

Les étamines.

fruit et la graine mûriront. Arrachez les étamines ou simplement les anthères, ou encore, abritez le pistil de manière que le pollen ne puisse pas atteindre les ovules, la fleur se fanera, se flétrira sans qu'un fruit lui succède et sans que les ovules deviennent des graines fécondes.

Étamines et pistils ne se trouvent pas toujours sur la même fleur. Certaines plantes portent des fleurs incomplètes, c'est-à-dire qui ne possèdent pas tous les organes. Les unes n'ont que des étamines, ce sont les fleurs mâles ; par contre, les autres n'ont que le pistil, on les nomme

Un pistil.

fleurs femelles. Tantôt les deux sortes de fleurs se trouvent sur la même plante, tantôt elles se trouvent sur des plantes distinctes mais semblables. Il existe un chanvre à fleurs mâles, un chanvre à fleurs femelles ; un

Chanvre mâle.

palmier mâle, un palmier femelle, etc. Or les plantes mâles et les plantes femelles ne sont pas nécessairement voisines ; quelquefois elles vivent dans des loca-

lités différentes, séparées par d'assez grandes distances, ce qui n'empêche pas qu'une fois le moment
venu de la fécondation des graines, le pollen dissé-
miné dans les airs par les fleurs mâles vient s'abattre

Chanvre femelle.

comme une pluie sur les fleurs à pistil qui semblent
l'attendre et s'entr'ouvrir pour le recueillir.

On raconte à ce sujet l'anecdote suivante : Bernard de Jussieu possédait au Jardin des Plantes deux
pistachiers femelles, c'est-à-dire ne portant que des

fleurs à pistil; chaque année il obtenait des fleurs, mais jamais de fruits. Un beau jour, le savant aperçoit des fruits. Grand émoi. Il cherche le séducteur invisible, s'enquiert de tous côtés, et apprend qu'un pistachier mâle avait fleuri dans une pépinière proche du Luxembourg.

Qu'est-ce qui dirige le pollen dans les airs et l'empêche de s'égarer, lorsque tant de routes s'offrent à lui, lorsque les courants atmosphériques peuvent le transporter sur des points si divers? Qui donc guide cette poussière impalpable dans l'immense océan aérien et la mène si sûrement à son but?

La renoncule aquatique.

Le pollen, qui ne s'égare pas dans les airs, n'est pas moins sûr de sa route dans les eaux. Les

plantes aquatiques nous en offrent des exemples
fort curieux. La fleur de la renoncule aquatique s'épanouit ordinairement hors de l'eau, mais
il arrive quelquefois que le niveau trop élevé du
liquide empêche les fleurs de surnager. Dans cette
circonstance on ne les voit pas s'épanouir, mais le
bouton se gonfle peu à peu, sans s'ouvrir. Il s'em-
plit d'un gaz ou d'air. Dans ce ballon improvisé le
pollen ne peut ni se perdre ni s'altérer par le contact de l'eau, et la fécondation s'opère dès lors sans
trouble.

Dans quelques canaux du midi de la France ou
dans le Rhône croît une plante qui ne brille ni par
son éclat ni par son parfum, et qui a pourtant provoqué depuis longtemps l'admiration de ceux qui
l'ont observée. — C'est la vallisnérie spirale. —
Elle croît au fond de l'eau; ses feuilles, longues
et étroites, linéaires, comme disent les botanistes,
s'élancent verticalement, à peine balancées par le courant. Ses fleurs, les unes à étamines, les autres à
pistils, sont portées par des tiges très différentes : les
premières sont groupées sur une tige courte et
droite qui les retient au fond de l'eau, les autres sont
fixées sur des tiges en hélice ou en tire-bouchon formant de nombreuses spires plus ou moins repliées
sur elles-mêmes.

Lorsque le moment de la fécondation va s'opérer,

les fleurs à étamines, prêtes à s'épanouir mais encore closes, se détachent de leur tige, s'élèvent et viennent flotter à la surface de l'eau. Aussitôt la tige des fleurs à pistil se déroule, les spires s'écartent et les

La vallisnérie spirale.

fleurs gagnent la surface, tout près des fleurs à pollen. Celles-ci s'entr'ouvrent alors et répandent la poussière fécondante; les pistils la recueillent; la fécondation s'opère. Alors les spires se rapprochent, se resserrent; la tige se replie sur elle-même et ramène ainsi les fleurs à pistil au sein du liquide.

La sensitive, si l'on en croyait certains observateurs, aurait par ses mouvements étranges fait supposer qu'elle possède une certaine sensibilité ou un instinct. Nombre de fables ont été ainsi répandues sur cette plante. Voici la vérité : si l'on touche une feuille, l'impression se transmet de proche en proche aux feuilles voisines, et même à toutes les folioles de la plante, si la première feuille a été assez vivement touchée. Ces folioles, disposées symétriquement le long

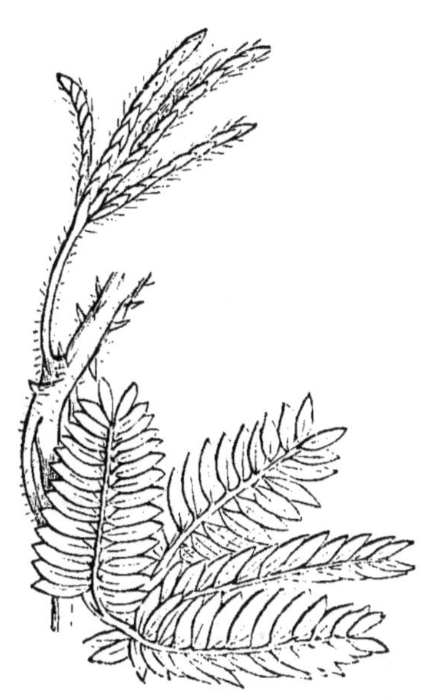

Feuilles de sensitive.

d'un même pétiole, comme les barbes d'une plume, se relèvent, se rapprochent, et s'appliquent, deux par deux, l'une contre l'autre, imitant un livre ouvert qui se fermerait tout seul. En un instant la plante a changé de physionomie ; avec sa tige pendante, elle paraît flétrie. Au bout d'un certain temps elle semble renaître ; les folioles se séparent et reprennent peu à peu leurs positions normales. L'expérience peut être renouvelée indéfiniment. Si la plante est vigoureuse, si la température est élevée, les mouvements sont plus rapides et plus accentués.

On a prétendu qu'elle présente le même aspect pendant la nuit, quand au contraire, la tige est alors rigide. Il n'est pas non plus exact de dire que la sensitive *dort* pendant toute la nuit; son prétendu sommeil cesse vers dix heures du soir. Alors commence une nouvelle période de redressement qui se termine vers deux heures du matin.

Voilà des mouvements singuliers, d'une délicatesse extrême, qui ont valu à la plante le nom qu'elle porte. Ils peuvent être provoqués accidentellement par le contact d'un corps ou résulter de l'action de la lumière, ils n'en présentent pas moins au premier abord le caractère fatal des instincts, et on comprend jusqu'à un certain point que des botanistes aient voulu voir dans ces mouvements un fait de *conscience végétale*.

Or, si l'on observe une sensitive, on remarque à la base du *pétiole*, au point où la feuille est fixée à la tige, un léger renflement qu'on a nommé le renflement moteur, parce que de lui dépendraient les mouvements des feuilles. C'est l'état du renflement qui détermine la rigidité et la flaccidité successives et périodiques de la feuille, et voici de quelle manière. M. Paul Bert a reconnu que, par le jeu naturel des fonctions de la plante, une certaine substance, la *gly-*

*cose*, se forme et s'emmagasine dans le renflement; là elle appelle à elle l'humidité ou les liquides de la plante, s'en imbibe comme une éponge, et la tige devient rigide. Mais la glycose se décompose peu à peu, elle disparaît, et avec elle l'eau emmagasinée dans le renflement; alors les folioles redeviennent flasques.

C'est donc à la glycose que sont dus les mouvements si curieux de la plante; or, la glycose, à son tour, doit son existence à la lumière; sous l'influence de la lumière, elle se forme; dans l'obscurité, elle se détruit. Donc pendant le jour, elle s'accumule peu à peu dans les renflements; il y a concentration de l'humidité et rigidité progressive des tiges. Ces phénomènes ont lieu graduellement et s'accentuent de plus en plus. Puis, vient la série des phénomènes inverses, et ainsi de suite, à intervalles réguliers et périodiques.

Et voilà comment ce merveilleux instinct, cette sensibilité apparente se transforme en une action chimique qui détermine une action mécanique.

La rotation exécutée par le tournesol, et qui lui a valu son nom, les mouvements analogues d'autres plantes — l'héliotrope — dont les tiges suivent pour ainsi dire le soleil dans sa marche et se présentent à lui sous une inclinaison constante, mouvements qui auraient

pu passer pour instinctifs, proviennent d'une différence d'énergie entre les deux points opposés d'une
même tige, dont l'un est frappé par le soleil tandis que
l'autre est dans l'ombre, différence dont la première

Le tournesol.

cause est la formation de la glycose. De là résulte le
mouvement, et comme le soleil tourne, les divers
points du renflement sont successivement frappés
par le soleil, et le mouvement se propage de proche
en proche dans tout le pourtour de la tige.

## V

Les plantes sont-elles sensibles? — L'anesthésie des plantes. — Sensibilité générale. — Sensibilité spéciale. — Instinct général. — Instinct spécial.


On s'est demandé si la plante est insensible, si la douleur lui est étrangère, si l'on peut lui arracher la vie sans qu'elle en souffre. La question n'est pas indiscrète; toutefois défions-nous d'un mouvement de pitié provoqué par des apparences et qui tournerait à la sensiblerie.

L'expérience va nous prouver qu'il existe une sensibilité générale dans tous les corps vivants, sensibilité essentiellement différente de cette propriété de la matière nerveuse grâce à laquelle nous ressentons, et le plaisir, et la douleur. Tout être vivant, ou mieux encore toute substance vivante, est sensible, si l'on entend par sensibilité *les modifications produites dans les êtres vivants par ce qu'on nomme des stimulants*, c'est-à-dire par l'humidité, la chaleur, l'électricité, le son, la lumière. La matière vivante réagit sous l'influence des stimulants, et c'est là ce qui constitue la sensibilité commune aux plantes et aux animaux.

La première phase de la sensibilité est la même pour tous les êtres vivants, depuis le plus humble végétal jusqu'à l'homme. Ce sont les modifications

de la matière vivante produites par les stimulants.
Pour la plante, tout s'arrête là ; pour l'animal, il
existe une seconde phase : c'est l'action produite
comme conséquence ou par continuité sur le cerveau.
Une corde vibre, par exemple : le mouvement vibratoire se transmet à diverses parties de l'oreille et
gagne le nerf acoustique ; jusque-là, il n'y a qu'un
mouvement d'une certaine nature et des changements produits dans le nerf sous l'influence de ce
mouvement. Puis

L'impression se fait : le moyen, je l'ignore.

Nous entrons alors dans le domaine de la philoso-
phie, devant le seuil duquel s'arrête le physiologiste
bien avisé. L'œil est-il frappé par les rayons lumineux, le nerf optique est modifié : c'est la sensibilité
au point de vue du physiologiste. Puis la sensation
se produit ; l'œil *voit* ou *regarde* : c'est alors la sensibilité dans sa véritable acception. Il ne s'agit que de
s'entendre et de ne pas confondre des phénomènes
distincts sous une appellation unique.

Mais, même dans la première phase, la sensibilité
est-elle identique chez tous les êtres vivants? Oui, dit
Claude Bernard, il n'y a qu'une sorte de sensibilité,
puisque plantes et animaux, soumis à l'action de
l'éther, du chloroforme et, en général, de ce qu'on

nomme les anesthésiques, éprouvent des effets semblables.

L'animal ou l'homme auquel on fait respirer pendant un certain temps de l'éther ou du chloroforme, se trouve bientôt plongé dans une sorte de sommeil ; les membres sont *résolus*, disent les médecins, c'est-à-dire que, soulevés, ils retombent ; pliés, placés dans une position quelconque, ils restent immobiles, sans réaction aucune. Dans cet état on peut faire sur l'animal une expérience ou pratiquer sur l'homme une opération, ni l'un ni l'autre ne ressentent de douleur.

L'action varie d'ailleurs selon les animaux et selon la durée de l'inhalation : il faut de douze à quinze minutes pour anesthésier un chien ; le chat est plus sensible ; le lapin, plus encore, et le rat, plus que le lapin. Enfin, aucun animal n'est plus rapidement anesthésié que les oiseaux sous l'influence d'une faible dose d'éther.

Or, certaines plantes soumises à l'action du chloroforme ont été *endormies*.

Les mouvements si curieux de la sensitive cessent de se produire lorsque cette plante est anesthésiée ; dès qu'elle a subi l'influence de l'éther ou du chloroforme, elle perd ses propriétés ou sa sensibilité ; elle devient indifférente au **contact** des corps ; ses folioles restent pendantes et inertes ; elles sont en quelque sorte « résolues ».

Prenez maintenant une plante aquatique et placez-la dans un bocal rempli d'eau contenant une certaine quantité d'éther ou de chloroforme. Rien ne paraît changé dans la manière de vivre de la plante, on croirait qu'elle est dans son état normal; mais si l'on recueille les gaz produits, on constate que la plante exhale maintenant de l'acide carbonique et s'approprie de l'oxygène, tandis que dans son état normal elle fixe le carbone de l'acide carbonique et rejette l'oxygène. Si l'on transvase la plante, si on la plonge dans l'eau ordinaire, elle recommence à vivre comme auparavant.

Une graine en voie de germination peut aussi être insensibilisée. Placez une graine de cresson sur une éponge humide — c'est une des semences dont la germination est le plus rapide — quelques heures après vous distinguez les rudiments de la tige et de la racine de la plante future. Recouvrez alors l'éponge avec une cloche, et sous la cloche répandez des vapeurs d'éther. Aussitôt le développement de la jeune plante est arrêté : elle n'est pas morte, elle est simplement plongée dans un sommeil léthargique, car si on soulève la cloche, si on renouvelle l'air autour de la plante, elle continue à croître comme avant l'éthérisation.

L'œuf n'étant autre chose qu'une graine d'animal, on doit pouvoir ralentir ou arrêter le développement

d'un œuf couvé, si on l'a préalablement éthérisé ;
c'est, en effet, ce qui a lieu. Toutefois, l'éthérisation
est d'autant plus rapide ou plus aisée que la coquille
est plus mince et plus poreuse. A plus forte raison
l'action est-elle plus vive sur les œufs sans coque.

Nous pourrions multiplier les exemples, car non
seulement les expériences ont été faites sur les diverses parties des végétaux, mais sur les végétaux
qui diffèrent le plus entre eux par leur manière de
vivre et par le milieu dans lequel ils vivent. Les anesthésiques apportent toujours un trouble dans la vie
de la plante.

Est-il permis de conclure des faits précédents que
la sensibilité est de la même nature chez les animaux
et chez les végétaux? Et parce que l'éther agit sur les
uns et sur les autres, s'ensuit-il que l'effet produit
soit identique? Pour répondre à cette question il
faut aller plus avant dans l'examen du phénomène et
chercher, jusque dans la cellule végétale ou animale,
l'origine, sinon la cause, des changements observés.

C'est donc toujours à la cellule qu'il faut revenir,
à ce point de départ de tout être vivant, pour y voir
l'action des anesthésiques. Les cellules animales ou
végétales éthérisées perdent de leur transparence, et
la recouvrent peu de temps après que l'action de
l'éther a cessé. En outre, la vie est suspendue tant

que la cellule reste opaque; elle renaît en même
temps que la transparence.

C'est donc dans la cellule qu'est le siège de la sensibilité, et l'identité des cellules aussi bien que
l'identité du mode d'action des anesthésiques permet d'affirmer que la sensibilité est de même nature
chez les végétaux et chez les animaux. Mais, encore
une fois, il s'agit de la première phase, du premier
acte, si l'on veut, de la sensibilité, et on ne saurait
en aucune façon conclure que la plante éprouve du
plaisir ou de la douleur.

Il y a donc entre tous les êtres vivants quelque
chose de commun, une parenté plus ou moins
étroite selon les êtres que l'on considère dans les
deux règnes. Les causes qui déterminent l'*évolution
du corps* chez les plantes et chez les animaux, les
phénomènes auxquels cette évolution donne lieu, sont
les mêmes. Il n'existe pas une vie matérielle propre
à l'animal et une autre propre à la plante ; la même
vie anime tous les êtres vivants. Dès lors rien de sur-
prenant à ce qu'une sensibilité commune et en quelque sorte matérielle soit le partage de tout être vivant.

En serait-il de même de l'instinct? L'instinct serait-il commun aux végétaux et aux animaux, sinon
en totalité, au moins en partie? Les mouvements des

plantes, naturels ou provoqués, sont le résultat d'actions physiques, chimiques, physiologiques; rien ne s'oppose dès lors à ce que *certains* mouvements des animaux s'expliquent de la même manière.

## VI

L'attrape-mouche. — Les plantes carnivores. — Les droséras et les népenthes. — Ressemblances entre les plantes et les animaux, La zone frontière.

De nouveaux faits vont contribuer à resserrer les liens entre les deux règnes. Dans ces derniers temps on a reconnu que certaines plantes sont aptes à digérer des substances animales, aussi bien des insectes vivants que des viandes rôties ou des œufs.

Déjà on savait que les *dionées* ou *attrape-mouches* saisissent, comme l'indique leur nom, les mouches qui viennent imprudemment se poser sur leurs feuilles. L'extrémité de ces feuilles est découpée en deux parties — on dirait deux palettes — bordées de cils raides. Une charnière les réunit, de sorte qu'elles peuvent se rapprocher et s'appliquer l'une contre l'autre. Outre les poils qui les bordent, il existe sur la face même trois piquants longs et déliés d'une irritabilité extrême. Malheur à la mouche qui les heurte ! Son sort est décidé : elle est saisie, garrottée et emprisonnée entre les deux parties de la feuille, qui se sont brusquement rapprochées. Vainement elle se débat pour se dégager de cette étreinte; tous ses efforts n'aboutissent qu'à rendre la fermeture plus complète encore. Elle s'épuise; elle succombe...

L'attrape-mouche.

Alors, les lobes de la feuille s'écartent et reprennent leur position normale.

Il n'est pas toutefois impossible, comme on le croit, d'arracher les victimes à une mort presque certaine. « Le petit prisonnier n'est point écrasé et brusquement tué, dit le docteur Curtis; j'ai souvent délivré des mouches et des araignées ainsi prises au piége, et qui s'échappaient de toute la vitesse que la crainte ou la joie pouvait leur inspirer. »

La plante dévore-t-elle l'insecte? — On a observé que les insectes morts étaient souvent recouverts d'un liquide épais dans lequel ils étaient en partie dissous. Ne serait-ce pas un commencement de digestion, et l'animal ne servirait-il pas de nourriture à la plante?

Il existe des plantes nommées *népenthes* dont les fleurs en forme d'urnes sont pleines d'un liquide. Il paraît que ces fleurs sont des pièges à insectes. Les bords emmiellés de ces coupes perfides attirent les insectes, ceux-ci viennent sans défiance s'y repaître. A peine sont-ils posés qu'ils glissent et tombent dans la fleur, où ils se noient. La plante va-t-elle s'en nourrir, et de quelle façon? Des expériences ont été instituées pour s'assurer des propriétés digestives du liquide contenu dans les fleurs de népenthes (Hooker). Des cubes de blanc d'œuf, ayant des arêtes parfaitement nettes, ont été plongés dans le liquide, et au bout de vingt-quatre heures d'immersion les arêtes étaient rongées et les surfaces converties en gélatine; de menus morceaux de viande ou de fibrine s'y dissolvent peu à peu; le cartilage y est transformé en gélatine. Il semble donc légitime de conclure qu'il existe plusieurs groupes de plantes qui puisent une partie, une faible partie de leur nourriture dans le règne animal.

D'autres plantes voisines des dionées, les *drosères*, et particulièrement celles à feuilles rondes, ont souvent leurs feuilles couvertes de cadavres d'insectes. La face de ces feuilles est garnie de filaments rougeâtres qui portent à leur extrémité une gouttelette d'un liquide visqueux. Le moindre contact d'un corps étranger, et particulièrement d'un insecte, semble irriter les poils : le chétif animal qui s'est posé par mégarde sur la feuille perfide est bientôt enlacé et englué en même temps. Double piège, le filet et la glu, plus dangereux encore pour la mouche que le réseau de l'araignée.

Il s'agissait de savoir si la plante se nourrit d'insectes (Francis Darwin). Dans ce but, un certain nombre de drosères furent nourries de viande rôtie. Tous les quatre ou cinq jours elles recevaient comme ration une becquée de rosbif. Au bout de deux mois elles s'en trouvaient à merveille et se portaient incomparablement mieux que d'autres drosères abritées de manière qu'aucun insecte ne pût s'en approcher. Les tiges, les rameaux des premières étaient plus forts et plus vigoureux, les feuilles plus nombreuses et d'un vert plus brillant, les fleurs plus abondantes et de couleurs plus vives. Jusqu'aux graines, tout a été comparé. Les drosères nourries artificiellement respiraient la santé tandis que les autres étaient anémiques.

Que penser de ces singulières aptitudes, sinon que

les végétaux et les animaux ont plus de points communs qu'on n'est tout d'abord disposé à le croire? que la nature, avare de causes et prodigue d'effets, nous montre une grande variété de phénomènes dont le point de départ est unique? que ce n'est pas sans raison si certains faits de la vie végétale ou animale nous paraissent analogues?

Nous restons confondus lorsque nous voyons les algues pondre des graines animées qui se meuvent dans l'eau grâce à de nombreux appendices déliés (Thuret).La graine mobile finit par se fixer et donne alors naissance à une plante.

D'autre part, l'éponge, la méduse laissent échapper des œufs mobiles comme les graines de l'algue et qui se fixent pour donner naissance à un animal immobile.

Sur ces confins des deux règnes, la nature semble se plaire à les confondre et à ne pas tracer de ligne nette de démarcation : elle accorde le mouvement à la plante tandis qu'elle immobilise l'animal; elle leur donne des modes de reproduction identiques : l'animal et la plante se divisent pour se multiplier. Elle semble se dire en pétrissant la matière :

> Sera-t-il dieu, table ou cuvette?

N'aurait-elle pas également attribué des instincts

communs aux êtres vivants? — Si le mouvement est possible sans l'aide des nerfs, il est involontaire et fatal, en un mot, instinctif. Or, la cause des mouvements de l'être dépourvu de nerfs est en dehors de lui; il y est soumis, il y obéit. Rien ne s'oppose donc à ce que l'animal exécute des mouvements provoqués par des causes extérieures. La graine se déplace sans volonté, l'animal se fixe de même. Les mouvements sont toujours involontaires ou instinctifs chez les plantes et chez certains animaux; ils sont tantôt instinctifs, tantôt volontaires chez d'autres.

# VII

Similitudes. — Instinct ou propriété. — Unité d'instinct. — Manifestations diverses. — L'instinct chez les animaux. — Distribution des instincts. — Ordre suivi dans cette étude.

Nous avons beau chercher des différences, nous ne trouvons que des analogies entre ces phénomènes mystérieux et ceux qu'on rapporte à l'instinct dans le monde animal. Aucune réflexion, aucune volonté n'accompagnent ces actes du végétal absolument nécessaires à son existence et à l'existence de son espèce, qui s'accomplissent fatalement, mécaniquement, avec une précision, une sûreté, une perfection que rien ne peut troubler. Le caractère nécessaire, fatal et parfait de l'instinct se retrouve là comme chez l'animal; et comme chez l'animal, chaque plante nous offre un instinct spécial. Dans la renoncule, dans la vallisnérie, dans cent autres plantes dont nous aurions pu décrire la manière de vivre, on observe un art toujours nouveau, toujours divers, toujours ingénieux ; on dirait que la puissance créatrice se complaît à multiplier les difficultés et à résoudre des problèmes de plus en plus délicats, afin de mettre en évidence la fertilité de ses ressources, l'abondance, la variété, l'ingéniosité, l'imprévu des moyens qu'elle emploie. La question est posée, d'abord fort simple ; puis l'énoncé se complique, les conditions varient, les difficultés s'accumulent ; mais le problème, qui semble chaque fois insoluble, est chaque fois résolu par une solution inattendue qui nous remplit tout à la fois et de surprise et d'admiration.

L'instinct du minéral se réduit à une force ou mieux à une propriété ; ses manifestations sont simples et peu nombreuses. Chez le végétal, qui est un être vivant, les manifestations de l'instinct sont plus nombreuses et plus variées ; le caractère de penchant s'y montre plus marqué, mais c'est une illusion. Nous allons trouver chez les animaux des instincts qui présentent les caractères les plus nombreux, les plus variés et les plus nets. Toutefois on ne saurait conclure que ce sont des instincts différents qui produisent des manifestations diverses de nature et de nombre dans les êtres ou les corps appartenant aux trois règnes, d'autant qu'on retrouve dans l'instinct du végétal les caractères de celui du minéral avec des manifestations nouvelles. Quant à celui de l'animal, il les comprend toutes et d'autres en plus.

L'essence de l'instinct paraît être la même, et la diversité comme la complexité des caractères ou des manifestations résulte de la complexité ou de certaines particularités de l'organisation des individus. Ne voit-on pas la même vapeur mettre en mouvement des machines diverses, qui exécutent des travaux variés? Il y a unité de force et diversité d'adaptations, ou unité de cause et variété d'effets.

De plus en plus nous serons conduits à voir dans l'instinct une propriété; c'est pourquoi nous n'avons éprouvé aucune répugnance à admettre l'instinct et le même instinct dans la nature entière. Si l'animal est en quelque sorte indépendant de son instinct, s'il y obéit fatalement, involontairement, s'il est conduit par une impulsion étrangère dont la cause lui est extérieure, en quoi cette tendance diffère-t-elle de l'attraction, de l'affinité et de certains phénomènes de la vie végétale? Du moment que l'animal agit comme une machine, comme une horloge montée pour toute la durée de la vie, que devient le penchant, la tendance volontaire, la sympathie? quelles différences trouver dans les manifestations instinctives des corps bruts et des corps vivants? Néanmoins, en disant ces choses nous ne pouvons

nous empêcher d'éprouver un sentiment de défiance.
« L'instinct n'apparaît, dit M. Henri Joly, que lorsque
apparaît un mouvement qui n'est plus la continuation d'un mouvement antérieur. » Mais qu'en sait-on?
Ne croyait-on pas, avant les récentes expériences
de M. Paul Bert, à un mouvement spontané des
plantes? Qui sait si l'on ne découvrira pas la cause
extérieure des instincts? Où voit-on l'origine des
attractions et des répulsions magnétiques ou élec-
triques? Dans les frottements qui ont précédé, dira-t-
on. Eh bien, la vie du nouvel être a aussi son origine,
son point de départ dans l'être qui lui a donné naissance. En un mot, la vie ne naît-elle pas de la vie? La
graine ou l'œuf ne contiennent-ils pas cette puissance,
sorte de mouvement condensé, qui assure leur développement dans un ordre déterminé? Il n'est pas
exact de dire que l'animal introduit dans le monde
un mouvement nouveau dont la cause immédiate est
en lui-même. La cause est transmise par la chaîne
des êtres qui se transmettent la vie. L'échange et la
transformation des mouvements ne se manifestent
pas seulement dans la nature inorganique.

D'ailleurs, quelque surprise qu'on éprouve de ces
similitudes entre les trois règnes, sommes-nous
moins surpris de voir les êtres les plus divers
emprunter au même fonds les éléments matériels
dont ils se composent, ou de voir une pierre, un
arbre, un animal également soumis à l'influence de

3.

la pesanteur? Un homme se laisse tomber, et une pierre tombe, bien que la vie et l'intelligence animent le premier et non la seconde. La pesanteur ne perd pas son empire sur la matière, même lorsque cette dernière est entraînée dans le tourbillon vital. L'attraction est dans le monde au même titre que la vie; les phénomènes que nous attribuons à ces deux causes se mêlent sans se confondre. Laissons de côté les dénominations, les étiquettes, qui nous troublent et qui ne font que déguiser notre ignorance des causes véritables; n'observons que les phénomènes, et alors les transmissions et les transformations de mouvements, quelles qu'elles soient, nous semblent possibles, et la simplicité relative des uns, la complexité des autres résultent de la diversité et de la multiplicité des conditions dans lesquelles ils se produisent.

N'oublions pas d'ailleurs que l'affinité varie selon les corps mis en présence, que tous les végétaux n'offrent pas les mêmes manifestations instinctives, et que chez les animaux on remarque une très grande diversité dans ces mêmes manifestations. Encore une fois, la variété des adaptations, des moyens et du but n'est pas ce qui importe; nous devons nous attacher à examiner si partout l'instinct se montre avec ses caractères propres.

Aux actes instinctifs s'ajoutent, chez les animaux,

les manifestations de l'intelligence, les habitudes, les aptitudes, qu'il faut discerner et séparer, afin de dégager nettement ce qui tient de l'instinct seul. On s'exposerait autrement à confondre des phénomènes de nature et d'origine différentes et à les attribuer à une cause unique ; à ne pas distinguer ce qui est acquis, comme une habitude, avec ce qui est inné, comme l'instinct ; ce qui est parfait et immuable dès l'origine, comme l'instinct, avec ce qui est susceptible de développement et de perfectionnement, comme une aptitude ; enfin, ce qui est libre et réfléchi, conditionnel, comme les manifestations de l'intelligence, avec les mouvements purement mécaniques de l'instinct. Ces distinctions s'établiront d'ailleurs facilement au fur et à mesure que les exemples présentés seront plus nombreux. A chaque fait nouveau décrit, analysé, commenté, la vue devient plus nette, les caractères propres de l'instinct apparaissent avec plus de saillie et la confusion n'est plus possible.

Avant tout, constatons que l'instinct n'est nullement en rapport avec le rang qu'occupent les animaux dans la hiérarchie animale et avec le degré d'intelligence qu'ils possèdent. Les instincts les plus curieux, les plus étranges et les plus développés ne se rencontrent pas chez les mammifères, mais chez les articulés, dont l'organisation est de beaucoup inférieure et la taille incomparablement plus petite. Il faut nous soustraire à cette fâcheuse tendance de notre esprit qui nous porte à n'accorder de qualités à un être qu'en raison de ses dimensions ou de la complexité de son organisation. N'est-il pas puéril de s'étonner qu'un chétif insecte puisse rivaliser d'instinct ou d'intelligence avec un énorme mammifère ? Une fourmi, une araignée ne sont-elles pas plus industrieuses et plus intelligentes qu'une brebis ? N'est-ce pas le cas de s'écrier avec le poëte :

> Aux regards de Celui qui fit l'immensité,
> L'insecte vaut un monde, ils ont autant coûté.

Comment des tendances spiritualistes peuvent-elles se concilier avec ce respect de la matière ?

Quoi qu'il en soit, c'est parmi les plus petits animaux, et particulièrement chez les insectes, que nous allons signaler les manifestations les plus intéressantes de l'instinct. On ne s'explique pas ce hasard apparent avec lequel les instincts sont répartis parmi les animaux : pourquoi les uns en sont-ils pourvus tandis que les autres ne le sont pas? Pourquoi, même avec une taille semblable et de faibles différences d'organisation, les insectes ou les araignées ont-ils des instincts si différents? Ce n'est pas seulement une question d'organe, car, à ce compte-là, un grand nombre de ces petits animaux pourraient jouir des mêmes instincts. Il y a beaucoup plus de faits à observer chez les abeilles, les fourmis, le fourmi-lion, etc., que chez tous les autres animaux, appartenant soit aux mêmes ordres, soit à d'autres ordres et à d'autres embranchements. Il ne nous est pas donné de voir l'ordre ni la loi qui a présidé à la répartition des instincts. Aussi nous trouvons-nous également embarrassé, soit que nous voulions examiner la même manifestation instinctive, — l'instinct de construction, par exemple, — chez tous les animaux qui le possèdent : castor, oiseaux, etc., soit que nous nous proposions d'étudier les manifestations diverses que présente un même animal, comme l'instinct constructeur, maternel et social de l'abeille ou de la fourmi.

C'est avec intention que nous nous servons de l'expression *manifestation* de préférence à celle d'*instinct*. Il nous semble, en effet, qu'on peut réserver la seconde dénomination à la cause unique dont les divers instincts sont des manifestations. Lorsque tel animal construit son nid, sa cellule ou sa coque, que tel autre fabrique des pièges ou attaque sa proie, ou pond ses œufs, dans de singulières conditions, ce qui nous intéresse surtout c'est la manière d'agir, ce sont les moyens employés, l'appropriation des organes et des moyens au but inconsciemment poursuivi. N'anticipons pas. Convenons seulement d'étudier chaque instinct ou chaque manifestation chez les divers animaux.

# L'INSTINCT DE CONSTRUCTION

## I



Le castor. — L'association. — Construction sur pilotis. — L'instinct
pris sur le fait par Frédéric Cuvier.

On ne voit plus guère aujourd'hui de castors
vivant en société que dans les solitudes de l'Amérique du Nord. La poursuite impitoyable des chasseurs les aura bientôt chassés de ces derniers re-
fuges et détruits complètement. Quelques rares
castors, nommés terriers, vivent par couples isolés
sur les bords de certains fleuves de l'Europe, le
Rhône par exemple. Toutefois les naturalistes et les
voyageurs qui ont vu des sociétés de castors, nous
ont fait connaître l'organisation sociale et les travaux de ces animaux.

Le castor est un rongeur, c'est-à-dire un mammifère dont les incisives, très grandes, se recouvrent
en partie, et agissent, grâce à une disposition particulière des mâchoires, à la façon de ciseaux ou
de rabots. Parmi les animaux du même ordre il se
distingue surtout par sa queue en forme de rame et

ses pattes postérieures palmées comme celles des canards, et, en général, des oiseaux aquatiques. Aussi est-il excellent nageur et plongeur, et habite-t-il le bord des eaux.

Les castors vivent de deux manières, selon les nécessités de la vie. Isolés pendant une partie de l'année, ils se réunissent vers le mois de juin au nombre de deux ou trois cents pour exécuter cer-

Castor du Canada.

tains travaux destinés à maintenir constant le niveau des eaux dont ils habitent les bords. La profondeur doit être suffisante pour que l'eau ne se congèle qu'à la surface. Si le lac auprès duquel ils s'établissent est assez profond, ils se contentent de bâtir des huttes; dans le cas contraire, ils construisent un barrage. — Il importe en effet pour ces animaux de pouvoir abriter leurs provisions dans l'eau, car à l'air libre ou dans les terriers les fragments d'écorce ou de tendres rameaux ne se conserveraient pas dans un état de fraîcheur convenable.

Après avoir choisi l'endroit où ils veulent s'établir, les castors se mettent en mesure d'élever un barrage ; dans ce but ils cherchent, dit-on, en amont du cours d'eau, les arbres qu'ils se proposent d'utiliser, afin qu'une fois abattus ces arbres soient transportés par le courant au point marqué où les dispositions sont prises pour les arrêter. Ils rongent les arbres à une petite hauteur au-dessus du sol et du côté qui est en regard du cours d'eau, de sorte que, manquant d'appui de ce côté, les arbres tombent dans le courant qui doit les transporter. Il y aurait là deux faits importants à signaler s'ils sont exacts : l'utilisation du courant comme moyen de transport et le mode d'abatage ; ce ne seraient pas seulement des actes d'intelligence, mais d'une intelligence remarquable. — Poursuivons.

L'arbre abattu, on le dépouille de ses branches, puis on plante des pilotis. Tandis qu'un castor tient un pieu verticalement, d'autres creusent la terre au pied, enfoncent le pieu et l'enterrent en partie. Ils lient ensuite les pieux à l'aide de rameaux flexibles et enfin complètent leur travail en recouvrant le tout d'une sorte de mortier qui lui donne la solidité nécessaire.

On aurait remarqué que le barrage est courbe et qu'il présente sa convexité au courant, ce qui diminue la pression exercée par les eaux ; que la base est plus large que le sommet, de sorte qu'au lieu d'une paroi verticale, c'est une pente ou un talus qui reçoit la pression du cours d'eau, ce qui en diminue encore l'effet.

Convenons que si tous ces faits sont exacts et s'ils sont dus à l'intelligence du castor, ces animaux, qui n'ont point reçu d'instruction et qui ne possèdent aucune des connaissances scientifiques dont l'acquisition nous coûte tant d'efforts, sont devenus du premier coup des ingénieurs très distingués et des constructeurs fort habiles.

Ils ne construisent d'ailleurs de barrages que là où ils sont nécessaires, c'est-à-dire en travers des cours d'eau à niveau variable. Dans les lacs où le niveau de l'eau reste sensiblement uniforme, ils se bornent à bâtir des huttes. Celles-ci, en forme de dôme plus ou moins régulier, sont divisées en deux parties : un sous-sol qui sert de magasin, — c'est là que les castors entassent les provisions d'écorces ou de tiges qui se maintiennent ainsi fraîches et tendres, — et un rez-de-chaussée. L'entrée est dans l'eau, les castors entrent donc chez eux en plongeant; du sous-sol au rez-de-chaussée il y a une communication à l'intérieur. De la sorte, en cas d'attaque ou de poursuite, l'animal échappe aisément à ses ennemis.

Les castors ne se recherchent et ne forment une société qu'autant qu'ils ont à construire un barrage;

dans ce cas, en effet, l'association des efforts est nécessaire et le but est commun. Dès qu'ils sont réunis,
l'entente est parfaite; ils procèdent dans leurs travaux d'une manière invariable; jeunes et vieux, dé-
butants et vétérans, travaillent avec la même ardeur
et la même habileté; on ne saurait affirmer que les
jeunes reçoivent un enseignement de leurs aînés
et que ceux-ci se montrent plus expérimentés que
ceux-là. — Ils se mettent à l'œuvre *fatalement*,
involontairement, et savent bâtir sans l'avoir appris. Leurs travaux, toujours reconnaissables, sont
toujours faits sur le même plan et avec la même
perfection. Dès que le castor bâtit, il bâtit bien : il
n'est pas d'abord manœuvre, puis ouvrier de plus
en plus habile; il n'est pas d'abord chargé, comme
nos apprentis, d'une besogne inférieure; il n'apprend pas successivement toutes les parties de son
métier ou de son art, — ses outils d'ailleurs ne
varient pas, — il fait du premier coup tout ce qui
concerne son état, et il le fait bien.

L'existence des castors dépend de leur association dans les circonstances où ils la forment, c'est-
à-dire lorsqu'il n'existe pas dans la région qu'ils habitent un lac profond ou un cours d'eau qui ne gèle
pas en hiver. Point de niveau constant sans barrage;
or si le niveau s'abaisse, si l'eau vient à geler jusqu'au
fond pendant l'hiver, la réserve de nourriture est
perdue et les castors sont menacés de mort. L'association et la construction sont donc *nécessaires*.

Chose singulière, ce castor qui nous paraît si ingénieux, si adroit et, tranchons le mot, si intelligent, ne peut tirer parti de son savoir et de son habileté pour faire autre chose que des barrages; cette société si bien ordonnée ne se forme que pour conjurer un péril possible et unique, le manque de nourriture. Dira-t-on que l'insuffisance de leurs organes est la cause de cette capacité limitée à une œuvre? mais, outre que leurs pattes et leurs dents ne sont pas les seuls outils propres à exécuter les travaux auxquels ils se livrent, c'est au contraire l'intelligence qui leur manque. Ils n'ont que les organes qui conviennent à leurs aptitudes limitées. Enfin, ces mêmes castors ne sauraient enseigner leur art à aucun autre animal, même s'il s'en trouvait un qui fût pourvu d'organes mieux appropriés. Le savoir du castor est donc *intransmissible* à d'autres espèces et n'appartient qu'à lui. Cet animal fonctionne comme une machine à construire, et à construire seulement des barrages et des huttes d'une certaine nature. L'homme seul invente des outils artificiels; ses organes, si parfaits qu'ils soient pourtant, ne valent pas les outils qu'il crée à l'aide de son intelligence.

Une expérience inattendue a confirmé ce qu'il y a de *fatal*, de *propre à l'espèce*, d'*intransmissible* dans l'instinct du castor : c'est à Frédéric Cuvier qu'elle est due. Il fallait un jeune castor, élevé loin de ses parents, arraché à la mamelle de sa mère et ne connaissant rien des mœurs et des habitudes de ses congénères. On amena, un jour, au Jardin de plantes, un castor *tout jeune et qui n'avait rien vu;* on l'y éleva comme un nourrisson. Il grandit, devint adulte en captivité ; bien portant d'ailleurs, grâce aux soins dont il était l'objet. Or, il arriva qu'un jour la nostalgie le prit : il cessa de manger avec appétit, montra quelque inquiétude, devint triste ; on craignit de le perdre. Rien ne lui manquait pourtant de ce qui jusqu'alors lui avait suffi. D'abord on le crut malade, mais une pensée soudaine traversa l'esprit de Cuvier : il fit mettre à portée de l'animal des fragments de bois, de la terre, de l'eau, en un mot tout ce qu'il faut aux castors pour bâtir. Aussitôt l'animal parut se réveiller ; il se mit à l'œuvre, c'est-à-dire à construire, à bâtir avec les matériaux qu'on lui avait fournis : à partir de ce moment il revient à la santé.

Il chercha à se faire une hutte, et pourtant il était abrité ;

Il voulut avoir un magasin avec des provisions, et cependant il avait sa subsistance assurée ;

Il agissait donc sans motifs.

Il fit sa construction en castor qui sait son affaire, et néanmoins il n'avait rien vu ni rien appris ; enfin, pour son coup d'essai il fit un coup de maître. On reconnaît les caractères de l'instinct : tout en est, dans ces actes, *fatal, nécessaire, inné, parfait, invariable, propre à l'espèce, intransmissible* à d'autres animaux.

## II

Les oiseaux. — Le nid de l'hirondelle. — Le nid de la fauvette couturière, du Loxia, du Baya. — Opinions de quelques savants.

Les oiseaux apportent dans la construction de leurs nids les mêmes soins, la même habileté, le même art que les castors dans la construction de leurs cabanes, avec la même imperfection apparente dans les outils employés. Quoi de moins propre, en effet, que le bec, les pattes et le corps de l'oiseau pour exécuter ces nids si variés et si merveilleusement appropriés à leur but. L'oiseau sait pourtant coudre, tisser, feutrer, maçonner avec des outils imparfaits. Chaque espèce procède d'une manière unique et construit de temps immémorial un type unique de nid.

Toute la gent ailée vit dans le même milieu, l'air est son domaine, — les rapports entre oiseaux sont donc fréquents et leurs regards perçants leur permettent de voir tout ce qui se passe autour d'eux et au loin; enfin, ils construisent leurs nids à la même époque, avec les mêmes éléments à fort peu près, à l'aide des mêmes outils : le corps, le bec et les griffes, et cependant les nids sont variés, caractéristiques, reconnaissables. On ne saurait confondre celui de l'hirondelle avec celui du bouvreuil et ces deux-là avec celui de la mésange et de tant d'autres oiseaux. Ainsi, malgré la vie commune, des rapports constants, une manière de vivre semblable, les mêmes organes, ils ne se copient pas et ne s'empruntent rien de leurs procédés.

Nous retrouvons encore ici l'instinct *immuable, fatal, parfait, propre à une espèce* et *qui ne peut changer d'adaptation*.

Hirondelle de fenêtre.

Examinons maintenant quelques-uns des nids les plus curieux :

Chaque année, au retour des hirondelles, nous sommes témoins des travaux auxquels se livrent ces sympathiques oiseaux pour construire leur nid ou réparer celui qu'ils ont occupé la saison précédente. C'est par becquées que l'oiseau apporte la terre destinée à la construction ; il l'imbibe de sa salive gluante, qui donne de la consistance et fait adhérer chaque becquée à la précédente. La première est appliquée contre le mur, sous la corniche qui doit servir de plafond. Chaque becquée nouvelle s'ajoute aux autres et augmente l'étendue de la paroi courbe de chaque côté, jusqu'à ce qu'il en résulte un globe plus ou moins régulier. Dans la paroi extérieure, un trou, une lucarne est ménagée pour pénétrer dans le nid ou en sortir.

L'hirondelle profite du voisinage des moulures et place quelquefois son nid dans une encoignure. Elle semble ainsi en modifier la forme, tandis qu'elle ne fait que profiter du cadre qui lui est offert. Enfin, pour donner plus de solidité à sa construction, elle entremêle au mortier des brins de paille, des filaments de diverse nature.

Une sorte de fauvette d'Afrique, l'*orthotome couturier*, doit son surnom à sa remarquable habileté à coudre ensemble deux feuilles pour faire son nid. Cet oiseau détache une feuille de l'arbre, la rapproche d'une autre fixée à l'arbre, bords à bords; perçant ensuite les feuilles, il glisse dans les trous des liens qu'il file lui-même, soit avec du coton, soit avec toute autre bourre végétale. Entre les deux ou trois feuilles ainsi cousues se trouve le petit espace dont il fait son nid, après avoir introduit un peu de bourre à l'intérieur. Grâce à ce nid de feuilles, qui se distingue difficilement dans le feuillage, il échappe avec sa famille à bien des ravisseurs.

Un grand nombre de petits oiseaux du même pays,

le *loxia*, le *baya*, etc., suspendent leurs nids à l'extrémité de rameaux flexibles et n'y arrivent qu'en volant. Ils échappent par cet artifice à leurs ennemis, serpents, écureuils, singes, etc., qui n'oseraient s'aventurer sur le fragile et souple rameau suspenseur.

Pour suspendre son nid l'oiseau rassemble une certaine quantité de brins d'herbe, dont il fait une sorte de ficelle ou de natte qu'il fixe par une des extrémités au rameau choisi. Aux brins libres qui pendent à l'autre extrémité d'autres brins sont rattachés, puis d'autres encore, avec lesquels il fabrique un tissu, une sorte d'étoffe dont est fait le nid. Le nid varie avec l'oiseau; tel oiseau, tel nid : tantôt en forme d'œuf, tantôt semblable à une poire ou à une bouteille, il est suspendu et se balance comme un fruit à long pédoncule.

Il nous paraît superflu de multiplier les exemples, ce qui précède suffit pour confirmer ce fait que chaque espèce a son nid propre, caractéristique, reconnaissable, construit sur un type unique, et souvent malgré l'identité des matériaux, des moyens et du but. En un mot, les caractères de l'instinct dominent dans la nidification. On a au contraire une assez grande difficulté à saisir ce qu'on appelle les variations qui pourraient tenir à la différence des climats, lesquelles résultent de certaines circonstances locales ou de certaines précautions accidentelles.

On s'étonne, par exemple, de voir le loriot employer dans la construction de son nid des objets empruntés à l'industrie humaine. La plupart des oiseaux qui vivent dans le voisinage de nos demeures ne nous dérobent-ils pas des fils de nature diverse? M. Pouchet se demande comment devait faire le loriot avant que l'industrie lui eût fourni les matériaux qu'il emploie; mais il nous semble que, pas plus que les autres oiseaux, le loriot ne songe à prendre un fil de laine, de soie ou de coton; ce qu'il cherche, c'est un fil, ou plutôt un corps long et étroit, de la forme du fil, assez souple, assez résistant pour l'usage auquel il le destine. C'est la forme du lien qu'il recherche ainsi que certaines qualités générales qui se trouvent dans un grand nombre de liens, et non un lien d'une certaine nature. Il le prend où et comme il le trouve. L'oiseau a vécu à une époque où les fils industriels n'existaient pas, mais il a toujours eu à son service des fils naturels. Faut-il voir là une variation, une modification apportée dans la construction du nid?

Ce que nous disons du fil on peut le dire de tout ce que l'industrie a introduit dans le monde, et que les animaux nous empruntent. Nous ne saurions voir dans l'acquisition de nouveaux matériaux une modification plus sérieuse que l'introduction dans les nids d'une même espèce, habitant des pays différents, d'éléments végétaux propres à chaque pays. L'oiseau cherche un corps d'une cer-

taine forme, remplissant certaines conditions : il le
trouve en Europe comme en Amérique, en Afrique
comme en Asie ; mais naturellement il ne l'emprunte
pas toujours aux mêmes plantes.

Quel est donc le motif qui a porté la fauvette couturière à coudre des feuilles pour se faire un nid? —
Qu'elle échappe ainsi à certains ennemis, c'est possible ; on ne saurait conclure cependant qu'elle l'a fait
dessein. N'y a-t-il donc pas d'autres moyens pour atteindre le même but? Pourquoi cette seule fauvette
possède-t-elle cette merveilleuse habileté? Pourquoi
ces oiseaux auraient-ils plus de prévoyance que leurs
ennemis n'auraient de ruses?

Nous ne voyons dans le prétendu talent de l'oiseau
que des manifestations instinctives ; nous n'y voyons
que l'instinct avec son caractère fatal, dominateur,
parfait, etc. Nous ne pouvons partager l'opinion de
M. Milne Edwards, qui veut y voir l'instinct dans les
traits généraux et l'intelligence dans le détail. Encore moins, avec M. Wallace, y verrrions-nous des
manifestations dues uniquement à l'intelligence. Ce
naturaliste pense que les choses se passent chez les
oiseaux comme chez nous : qu'il y a un enseignement,
une tradition, que l'oiseau apprend à construire. Or,
toutes les observations faites jusqu'à présent sur
les oiseaux comme sur les autres animaux portent
à conclure le contraire. Les serins qui couvent en

cage font un simulacre de nid bien qu'on leur fournisse un nid tout fait. Le castor et, nous le verrons plus tard, les insectes, séparés de leurs parents avant qu'ils aient pu en recevoir aucun conseil, se conduisent comme tous leurs semblables dans les diverses circonstances de la vie. Un enfant isolé de ses parents construirait-il une maison comme un castor sa hutte ? Non ; au contraire, il redeviendrait sauvage et semblable à nos premiers ancêtres, ainsi qu'on a pu l'observer dans quelques rares occasions.

Répétons encore une fois notre question : pourquoi chaque espèce d'oiseau construit-elle un nid caractéristique et n'imite-t-elle pas les nids des autres oiseaux, lorsque tous ces oiseaux se trouvent dans le même milieu, qu'ils emploient des matériaux identiques et qu'ils se servent des mêmes instruments de travail.

## III

### Les poissons. — Le nid de l'épinoche.

S'il est un animal qui semble peu pourvu des organes nécessaires pour la construction d'un nid, c'est assurément le poisson. Eh bien, malgré cette impuissance relative, l'épinoche et l'épinochette se montrent d'une habileté et d'une adresse remarquables.

Ces deux petits poissons habitent les eaux douces ;

on les rencontre en grand nombre dans les fossés
aux eaux vives. Les épines dont leur corps est armé
leur ont valu le nom qu'ils portent. Ils sont souvent
parés de brillantes couleurs. Légers, remuants, vifs,

L'épinoche.

agiles, ils s'élancent plutôt qu'ils ne nagent et s'avancent par des bonds saccadés et rapides. Leur queue
est constamment animée d'un mouvement vibratoire
qui rappelle celui d'un éventail qu'on agite.

M. Blanchard a fait un tableau fidèle et animé du travail auquel se livre l'épinoche pour construire son nid. Après avoir choisi l'endroit où il veut l'établir, le mâle pénètre dans la vase, la tête la première, et s'enfonce de plus en plus jusqu'au point de disparaître. Il tourne alors rapidement sur lui-même et pratique un trou cylindrique, puis il se met en quête de filaments végétaux qu'il saisit avec la bouche et qu'il porte à son trou. Là, il les dépose, pèse dessus avec son corps, les enchevêtre, les tasse, de manière à former un tissu feutré. Il continue ainsi jusqu'à ce qu'il ait formé une sorte de manchon ; il achève alors son ouvrage en lissant les parois et en les lubréfiant à l'aide d'un liquide épais et visqueux qui suinte de ses flancs. Le nid est prêt, l'incubation va suivre. Nous ne le suivrons pas dans ce nouveau travail d'ailleurs fort intéressant. Ce n'est pas notre objet.

On n'a point encore trouvé, que nous sachions, une épinoche qui procède autrement que les autres, et parmi tant de poissons témoins des travaux de l'épinoche, quel est celui qui l'a imitée ?

## IV

L'araignée aquatique. — Une cloche à plongeur.

Terminons par l'exemple qui n'est pas le moins intéressant, la construction du nid de l'araignée aquatique.

4.

Cette araignée est petite, de couleur brune, légèrement velue; elle vit dans l'eau ou à la surface de
l'eau, sur les feuilles des plantes aquatiques. Comme
elle est organisée pour respirer l'air en nature, il lui
en faut toujours une petite provision dans l'eau où
elle fait de fréquentes stations. Comment va-t-elle s'y

L'araignée aquatique.

prendre? Observons-la : la voici qui nage sur le dos
comme un nageur qui fait la planche; pendant ce
temps elle rassemble entre ses menus poils de microscopiques perles d'air qui lui donnent un aspect
brillant et argenté; ceci fait elle plonge, rassemble
cette enveloppe aérienne et en fait une bulle unique

qu'elle fixe à un brin d'herbe. Elle remonte ensuite à la surface, recommence son manège, et grossit la bulle à chaque nouveau plongeon. Lorsque celle-ci est suffisamment grosse, elle s'en sert comme d'un moule sur lequel elle jette des fils enchevêtrés, tissés, et formant une cloche d'une soie fine et douce à reflets chatoyants, semblable par sa forme et ses dimensions à un petit dé à coudre. Des fils auxiliaires tendus de la cloche aux brins d'herbe maintiennent le fragile édifice suspendu dans l'eau. L'animal s'établit alors dans cette demeure, où il attend, au passage, les petits insectes aquatiques dont il fait sa proie.

Si la cloche vient à se vider par accident, l'araignée recommence son travail; l'air est-il vicié, elle vide la cloche par un mouvement de bascule et la remplit à nouveau. Le père de Lignac vit ces choses en 1744, et depuis cette époque bien d'autres observateurs, et en dernier lieu M. Blanchard, ont pu les voir à leur tour. Les *argyronètes* n'ont rien changé à leur manière de vivre et de procéder dans la construction de leur nid. Toujours la même habileté, la même précision, la même perfection, la même fatalité : c'est bien encore de l'instinct.

# L'INSTINCT MATERNEL

L'instinct maternel enez les animaux. — Chez l'homme. — **Les enfants gâtés. — La poule et les jeunes canards.**

L'instinct maternel est peut-être le plus général, le plus absolu des instincts, comme il est un des plus nécessaires. Il y a toutefois des lacunes : certains animaux, les poissons par exemple, en sont à peu près dépourvus; par contre, d'autres animaux, les oiseaux, nous le montrent dans sa plus complète expression. Ni la taille, ni le rang occupé dans la hiérarchie animale ne sont en rapport avec le degré de développement de cet instinct : chétifs insectes, énormes mammifères, tous rivalisent de tendresse et d'attachement pour leurs petits. Les oiseaux surtout ont le privilège de captiver notre attention et d'exciter notre sympathie par les sacrifices qu'ils s'imposent, le dévouement dont ils font preuve, et par les gracieux spectacles et les scènes touchantes dont leurs nids sont le théâtre. L'être mobile par excellence se condamne à une douloureuse immobilité afin de protéger ses œufs d'abord, ses petits ensuite contre les intempéries. Il ne redoute ni les privations ni les dangers, et on n'admire pas moins sa résignation que son courage. Si quelque ennemi veut lui ravir ses oisillons, il n'hésite pas à combattre et, s'il est impuissant dans la lutte, il nous émeut profondément par ses cris d'angoisse et de désespoir. De même la chatte à laquelle on a dérobé ses petits fait retentir l'air de ses cris déchirants; elle les cherche de tous côtés, elle les appelle, et elle excite notre pitié par sa douleur si vive et si vraie. On n'essaierait pas impunément d'arracher ses lionceaux à la mère lionne; elle devient terrible lorsqu'on les lui prend par surprise; on n'affronterait pas sans danger sa fureur légitime Les singes, d'une laideur hideuse, d'un aspect repoussant, que leurs grimaces rendent comiques, deviennent touchants lorsqu'ils caressent leurs petits et montrent tous les signes d'une tendresse maternelle vraiment humaine.

Cette uniformité, cette invariabilité, cet excès même dans l'affection est précisément le signe caractéristique de l'instinct. L'animal aime sa progéniture absolument, parfaitement, invariablement. Il n'est pas moins soumis au despotisme de l'amour paternel qu'aux autres formes de l'instinct; il aime comme il fait son nid ou sa cabane, fatalement. N'en voyons-nous pas une preuve entre autres dans l'indifférence qui succède à tant de témoignages de tendresse et de dévouement. Le respect, la reconnaissance, l'amour filial sont inconnus chez les animaux. Dès que les petits sont en âge de se nourrir seuls, de vivre sans l'aide de leurs parents, tout lien est rompu entre les parents et les enfants. La famille n'existe pas, mais seulement une association temporaire qui ne dure que le temps indispensable pour assurer la perpétuité de l'espèce. La veille encore unis étroitement, ils deviennent tout d'un coup étrangers les uns aux autres, quelquefois ennemis. L'homme seul honore son père et sa mère; chez lui les liens se transforment sans s'affaiblir. Si les choses ne se passent pas ainsi, si nous voyons l'autorité paternelle méconnue, l'amour filial éteint, nous pensons avec raison qu'il y a là une anomalie, une dérogation à la loi naturelle. L'homme seul peut être un fils ingrat ou dévoué, seul il peut être un père bon et juste ou dénaturé, parce que seul il est libre et responsable, et qu'il y a pour lui seul mérite ou démérite selon le cas.

Il n'est pas moins vrai que quelquefois chez l'homme, plus souvent chez la femme, l'instinct se montre si puissant qu'il étouffe la raison. L'être libre cesse de l'être dès que l'instinct se montre. Cet exemple met en évidence la coexistence possible, chez le même être, de l'instinct et de l'intelligence et montre qu'à un moment donné l'un peut dominer l'autre. Ne sommes-nous pas constamment témoins des excès de la tendresse paternelle ou maternelle qui nous valent ces enfants mal élevés auxquels on applique, comme aux fruits qui leur ressemblent, les épithètes de gâté et de pourri. Des parents intelligents, raisonnables, sensés dans le cours **ordinaire** de la vie, perdent tous ces avantages dès qu'il s'agit de leurs enfants. Leur jugement s'obscurcit, leur intelligence se voile, la raison les abandonne ; ils sont sans volonté, dominés par l'instinct, et ne savent plus se soustraire à des actes qui feront leur propre malheur et le malheur de ceux qu'ils aiment ou qu'ils croient aimer.

On voit clairement par cet exemple que si, chez l'homme, on rencontre l'instinct et l'intelligence, c'est néanmoins la raison qui doit toujours l'emporter, car, tandis que l'instinct est si sûr et si favorable à l'animal, dont il est le seul guide, il est au contraire fatal à l'homme, que la raison doit toujours guider.

Nous ne saurions passer sous silence, à propos de l'instinct maternel, l'anecdote si connue de la poule à qui l'on donne à couver des œufs de cane. On sait qu'elle n'établit pas de différence entre ces œufs étrangers et les siens, qu'elle les couve les uns et les autres avec les mêmes soins, la même sollicitude, la même abnégation. Le jour de l'éclosion arrive et la poule continue à remplir son rôle maternel. Poussins et canetons courent autour d'elle, poussant de petits cris joyeux. Tout à coup, les canetons aperçoivent une mare, et, dominés par leur instinct, ils se jettent à l'eau. Vainement la mère adoptive pousse des cris

de terreur, vainement elle s'écrie dans son langage :
« Imprudents, vous allez vous noyer ! » Elle appelle
inutilement ces enfants qu'en son sein elle n'a point
portés. Ceux-ci, qui n'ont jamais vu de canards à la
nage, auxquels on n'a jamais appris à nager, courent
à l'eau instinctivement, s'y jettent sans effroi et s'y
maintiennent avec assurance. N'est-ce pas encore
là un instinct ?

# L'INSTINCT MIGRATEUR

De tout temps on a observé les migrations des oiseaux : nous saluons chaque année avec plaisir le retour des hirondelles dans nos parages; les chasseurs connaissent l'époque du passage des canards sauvages; nous avons vu quelquefois les grues en bataillons serrés traverser notre ciel; mais si les migrations des oiseaux ont plus particulièrement attiré notre attention, un grand nombre d'animaux appartenant aux autres classes de vertébrés ou aux articulés émigrent également. La migration paraît être une des formes les plus générales de l'instinct; il importe de s'assurer si elle en possède les caractères.

Les poissons. — Harengs et morues. — Les voyages du saumon.

Les pêcheurs n'ignorent pas les migrations des harengs et des morues, qui leur assurent des profits si faciles à réaliser. Ils ont intérêt à connaître les habitudes ou les instincts de ces poissons; c'est cependant aux naturalistes qu'il faut nous adresser si nous voulons des renseignements précis. Les recherches les plus récentes portent à penser que ces poissons n'ont pas parcouru de grandes distances lorsqu'on les voit apparaître en masses innombrables. Ils habiteraient les mers du nord dans des régions voisines de celles où ils se rassemblent. Au printemps principale-

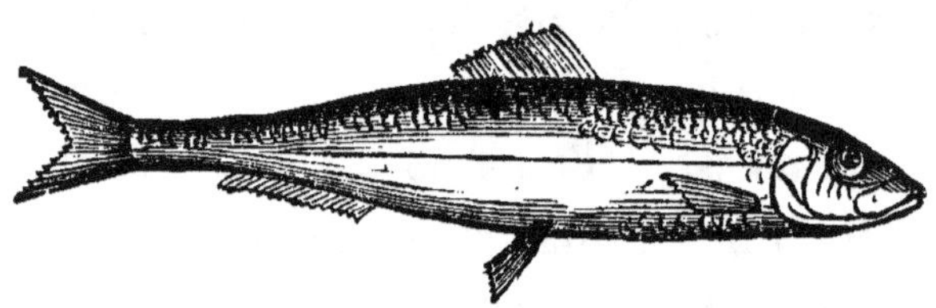

Le hareng.

ment, à l'époque du frai, on les rencontre dans la Baltique, la mer du Nord et la Manche, en bandes incalculables formant une couche épaisse qui couvre une surface de plus de deux mille hectares. Pendant la nuit, par un beau clair de lune, leurs écailles brillantes reflètent la lumière argentée des rayons lunaires et la mer apparaît phosphorescente : c'est l'*éclair du hareng*. Les harengs déposent leurs œufs en frottant leur ventre sur le sable, puis ils disparaissent dans la haute mer après avoir laissé bon nombre des leurs dans les filets.

Les morues abondent dans les mers du nord, sur la

côte orientale de l'Amérique. A certaines époques
elles se réunissent, comme les harengs, en nombre
immense partout où l'eau est peu profonde, et en particulier sur les grands bancs de Terre-Neuve. Elles
ne déposent pas leurs œufs sur le sable sous-marin,
comme font les harengs; elles les pondent en pleine
eau, où ces œufs restent en suspension. Voilà sans

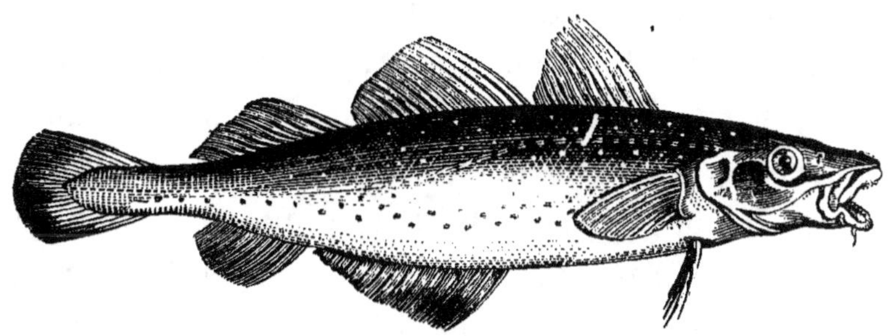

La morue.

doute pourquoi ces poissons recherchent au moment
de la ponte les eaux peu profondes, et pourquoi mâles
et femelles ne se séparent pas à ce moment, ainsi que
font les autres espèces. (Sars.)

A l'époque de la ponte, les saumons quittent la
mer et pénètrent dans les cours d'eau, qu'ils remontent jusque dans le voisinage de la source. Les
rapides, les chutes ne sont pas pour eux des obstacles invincibles et ils en triomphent par des moyens
bien imprévus. Les saumons entrent dans les fleuves

en troupes nombreuses, s'avancent avec ordre, se groupant en triangle à la manière des oiseaux voyageurs, la pointe en avant occupée par les plus gros, qui ouvrent la marche, et nageant avec une très grande rapidité. Si des rochers ou un barrage se trouvent sur la route du saumon, il plie son corps en arc de cercle, puis, se débandant vivement, il frappe l'eau avec force et rebondit comme une balle élastique jusqu'à une hauteur de trois, quatre et cinq mètres. Il retombe en amont, passant ainsi par-dessus l'obstacle. Les saumons remontent bien haut dans les fleuves, cherchant dans les ruisseaux aux eaux vives un abri pour leurs œufs, une retraite paisible, un lieu calme et sûr pour les petits qui naîtront. Dans le sable du ruisseau ils creusent des trous ou des sillons et y déposent leurs œufs, puis retournent à la mer, épuisés par les fatigues du voyage. Ils reviennent chaque année, comme les hirondelles, aux lieux où ils ont déjà frayé.

Telle est l'explication rationnelle qu'on a donnée de ces curieux voyages accomplis périodiquement dans les mêmes conditions.

## II

Les oiseaux. — L'hirondelle joyeuse. — La grave cigogne.
La colombe voyageuse.

Un grand nombre d'oiseaux semblent fuir les frimas et chercher un ciel clément, les hirondelles,

par exemple, que nous voyons arriver au printemps
dans nos régions et qui nous quittent à l'automne;
elles retournent au Sénégal, sur la côte occidentale
de l'Afrique, après avoir traversé la Méditerranée et
une partie de l'Afrique. Un vol rapide et soutenu leur
permet de franchir d'aussi grandes distances. Néanmoins, malgré une dépense de forces considérable
et une organisation merveilleusement propre au vol,
il en est qui succombent. Parfois, épuisées de fatigue,
elles s'abattent sur les navires (Pouchet) ou sur les
îles qu'elles rencontrent pour se reposer, et reprennent leur vol dès qu'elles ont recouvré leurs forces.

Les cigognes accomplissent également de longs et
pénibles voyages : au printemps elles arrivent dans
le nord et le nord-est de l'Europe, dans la Lorraine
et l'Alsace. On les voit aussitôt établir leurs nids sur
toutes les parties élevées de nos demeures ou de nos
édifices : elles reviennent volontiers, comme les hirondelles, aux nids qu'elles ont déjà occupés et qu'un respect superstitieux des habitants leur conserve.

Cet oiseau « au long bec emmanché d'un long cou »,
ainsi que sont les *échassiers*, se promène gravemen-
et lentement au milieu des terres labourées et hu-
mides, où il trouve sa nourriture habituelle d'insectes, de reptiles, de vers, etc. De temps à autre, la

cigogne se repose, et, grâce à un mode spécial d'articulation des os de la jambe, elle peut se tenir debout sur une seule patte ; même elle dort dans cette singulière position. Les services qu'elle rend, la douceur de ses mœurs, sa tendresse maternelle, et sans doute aussi la mauvaise qualité de sa chair, ont contribué à lui assurer la protection dont elle jouit chez tous les peuples.

Aux approches de l'hiver, après s'être rassemblées en troupes nombreuses, les cigognes nous quittent et regagnent l'Orient, d'où elles étaient venues. Grâce à la rapidité de leur vol, leur voyage s'accomplit dans un temps relativement court.

On a pu observer chez quelques cigognes vivant en domesticité ce qu'on sait du castor privé : elles sont inquiètes au moment des migrations, et tourmentées sans doute par leur instinct, auquel elles ne peuvent plus obéir ; n'ayant plus la force nécessaire, elles n'osent sans doute se fier à leurs ailes devenues impuissantes à la suite d'une longue domesticité.

Des naturalistes voyageurs (Wilson, Audubon) ont décrit les *passages* de la colombe voyageuse à travers le continent américain, au nord des États-Unis. C'est un spectacle fort curieux que cette nuée d'oiseaux qui s'étend sur plusieurs lieues de longueur et sur un kilomètre de largeur environ. L'air en est rempli, le soleil éclipsé, et l'ombre projetée par la nuée vivante répand une douce obscurité. Ce demi-jour règne tant que dure le passage, parfois plusieurs jours. Pendant ce temps, la fiente blanchâtre de ces pigeons tombe en si grande abondance qu'on croirait à une chute de neige.

Au terme de leur voyage les pigeons s'abattent sur une forêt; ils en peuplent tous les arbres; branches et rameaux en sont couverts et cèdent sous le poids du grand nombre. Les arbres sont bientôt dépouillés, le sol est jonché de leurs débris.

Les habitants des villes voisines se livrent alors à une chasse sans attrait qui n'est qu'une tuerie cruelle : fusils, bâtons, pierres, tout engin est bon pour mettre à mort la malheureuse volatile rompue de fatigue et qui n'a plus la force de fuir.

## III

### Les mammifères. — Les rats du nord.

Nous pourrions multiplier les exemples de migrations; bornons-nous à citer, parmi les rongeurs, les campagnols ou rats des champs, et les lemmings ou rats de Laponie. Les premiers, déjà intéressants pour leur instinct constructeur, habitent le Kamtchatka. Ils se réunissent quelquefois au printemps en masses innombrables, couvrant une vaste étendue de terrain, et se dirigent vers l'ouest; les lemmings, non moins nombreux, descendent de la Laponie et gagnent la Norvège, la Suède et même l'Allemagne, à l'approche des hivers rigoureux. Les uns et les autres suivent dans leur marche une ligne droite inflexible, gravissant ou tournant les collines selon

Le campagnol lemmings.

qu'elles sont moins ou plus élevées, traversant les terres cultivées qu'ils ravagent : rien n'arrête leur marche, ni les habitations, ni les cours d'eau, ni même les détroits. Les uns et les autres reviennent dans leur pays, les premiers au commencement, les autres, à la fin de l'hiver, non sans avoir laissé dans

le trajet un grand nombre des leurs morts de froid.
de faim ou dévorés par les renards et les martres.

## IV

### Les articulés. — Crabes. — Criquets.

Certains crabes, nommés crabes de terre ou gécar-
cins, seraient soumis à des migrations analogues,
et descendraient des montagnes où ils résident habituellement vers les rivages de la mer, où ils vien-
draient pondre leurs œufs, marchant toujours en
ligne droite, en allant comme en revenant, et offrant
l'aspect d'une troupe régulière et disciplinée.

Qui n'a entendu parler des nuées de criquets, im-

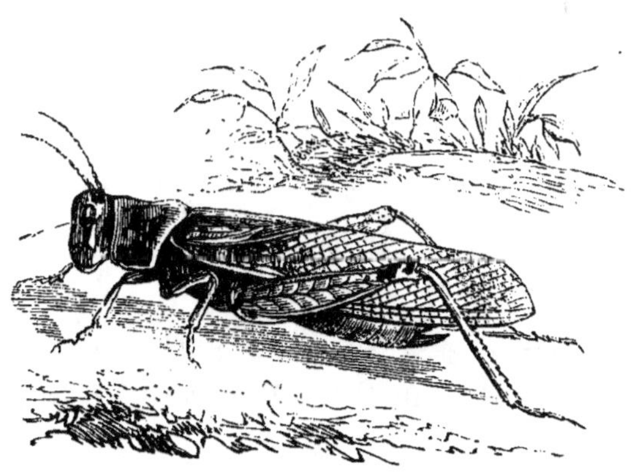

Criquet commun.

proprement nommés sauterelles, qui s'abattent dans
certaines régions, particulièrement en Afrique. Ils

tombent, plutôt qu'ils ne volent, comme une pluie chassée par le vent. Est-ce une véritable émigration? Il est permis d'en douter et de croire à l'effet d'une trombe plutôt qu'à la marche régulière d'animaux obéissants à un instinct.

Faut-il voir dans ces migrations des actes réfléchis et volontaires, c'est-à-dire des manifestations de l'intelligence? Au premier abord on est tenté de répondre affirmativement; mais l'instinct se révèle lorsqu'on observe que les oiseaux, et en général les migrateurs, voyagent à des époques fixes, et continuent à séjourner dans une contrée lors même que l'âpreté du climat eût dû les en chasser, ou émigrent prématurément lorsqu'une prolongation accidentelle de beaux jours devrait les convier à prolonger leur séjour et à retarder leur départ.

Si les hirondelles retardaient ou avançaient leur départ selon que la belle saison se prolonge plus ou moins, si elles accomplissaient leur voyage à petites journées, si elles le fractionnaient de manière à s'avancer progressivement vers le but, si elles s'avançaient sur la terre ferme et ne traversaient pas d'un coup d'aile tout l'Atlantique, si, d'un autre côté, elles avançaient ou retardaient, selon le cas, leur retour dans notre pays, on pourrait croire de leur part à une prévision subtile des phénomènes météorologiques. Une telle faculté serait la marque d'une vive intelligence ou d'une propriété analogue à celle du flair du chien; elle leur permettrait de prévoir longtemps d'avance des phénomènes que nous ne pouvons pas prédire, malgré tous les calculs et toutes les ressources de la science!

Mais le départ des hirondelles est réglé d'avance et en dehors, nous ne dirons pas de toute prévision, mais de leurs prévisions. Il n'est pas le résultat d'une délibération motivée et l'effet de la volonté. En quittant nos régions, elles vont d'un trait vers les pays où elles doivent passer le reste de l'année. Elles traversent les mers, suivent en toute sécurité des routes inconnues et courent inutilement des dangers sérieux. Elles s'arrêtent lorsqu'elles succombent à la fatigue; mais c'est pour se remettre bientôt en marche, moins soucieuses de prendre un repos indispensable que d'atteindre un but qu'elles ne visent pas. Vainement on cherche la volonté qui détermine cette marche fatale, tout dans les migrations est marqué au sceau de l'instinct; on en reconnaît la fatalité, la nécessité, l'invariabilité, la sûreté.

Accorder le don de la prévision du temps à l'hirondelle ne nous paraîtrait pas moins extraordinaire que d'attribuer aux animaux à fourrure le pouvoir d'accroître l'épaisseur de leur fourrure en prévision d'une saison rigoureuse, comme cela arrive, ou d'attribuer au *ver blanc* (larve de hanneton), la prescience du temps, parce qu'il s'enfonce d'autant plus profondément dans le sol que le froid doit être plus vif.

Si les singes se déplacent, c'est après avoir dévasté la région où ils s'étaient un instant établis; ils ne quittent une localité que pour aller à la recherche d'une autre où ils trouveront une nourriture suffisante, et ils y séjourneront jusqu'à ce qu'ils en aient épuisé les ressources. Ils imitent ainsi les peuples pasteurs, avec cette différence que ce ne sont pas leurs troupeaux, mais eux-mêmes qui se déplacent pour trouver leur pâture. Cette manière d'agir est conforme à une raison inférieure, celle du sauvage, et il n'y a rien d'exagéré à supposer qu'ils jugent et délibèrent pour se déterminer à agir ainsi.

Non seulement on ignore la cause des migrations, mais on ne saurait expliquer même le mode d'après lequel elles s'accomplissent. — Pourquoi les lemmings s'avancent-ils en ligne droite? — Pourquoi les grues et les cigognes volent-elles en formant un triangle? On en a donné une raison qui est inadmissible. On dit que chaque grue placée en tête fend à son tour l'air pour toute la troupe, et après avoir rempli son office pendant un certain temps, elle passe à l'arrière. On raisonne comme si toutes les grues ne formaient qu'un tout, tandis que chacune vole pour son propre compte. Toutes les troupes d'oiseaux ne volent pas groupées de la même manière. Les oiseaux ne s'imitent pas les uns les autres dans leurs instincts respectifs.

A coup sûr la marche des chenilles processionnaires ne saurait être justifiée par des raisons analogues. On sait qu'une chenille seule marche en tête de la colonne, qu'elle est suivie de deux ou trois autres, celles-ci à leur tour de cinq ou six autres, et enfin vient la foule, plus ou moins pelotonnée.

Les migrations, on le voit, par la manière dont elles s'accomplissent aussi bien que par les circonstances qui les accompagnent, présentent les caractères de l'instinct. Elles ne sont pas commandées par la raison, dirigées par l'intelligence, mais au contraire exécutées fatalement, sans l'intervention de la volonté, toujours de la même manière et de la meilleure, par les mêmes moyens, avec l'inconscience du but.

Les migrations des oiseaux, dit M. Vogt, si connues

et tant admirées comme résultats d'un prétendu instinct inné et merveilleux, s'expliquent parfaitement par des raisons de subsistance. L'oiseau fait son nid là où il trouve la nourriture la plus abondante et la plus convenable pendant le temps où il doit soigner sa progéniture; la plupart de nos oiseaux de passage, qui nichent dans le nord, y cherchent les insectes nécessaires à l'alimentation de leurs petits, insectes qu'ils ne sauraient trouver dans le midi pendant les sécheresses de l'été.

Sans doute la migration ne se fait pas sans raison; le but de l'instinct n'est pas douteux; c'est l'inconscience du but, l'invariabilité et l'imperfectibilité des moyens qui constituent l'instinct.

M. Vogt paraît vouloir identifier les migrations avec de simples déplacements et les faire dépendre des moyens de locomotion, tandis que la migration consiste dans l'aller et le retour périodiques de l'animal, et à des époques fixes, et non dans l'invasion progressive d'une contrée.

Nous pourrions continuer à examiner les instincts spéciaux; il nous semble maintenant préférable de voir l'ensemble des manifestations instinctives que présentent certains articulés : les arachnides et les insectes. Elles comptent parmi les plus curieuses, les plus étranges et les plus complètes.

# INSTINCTS REMARQUABLES



## DE QUELQUES ARTICULÉS

### LES ARAIGNÉES

L'araignée vulgaire sera l'objet de notre premier examen. La ménagère ne voit pas sans ennui ces toiles tendues dans les angles des plafonds ou le long

L'araignée des jardins.

des corniches, mais le naturaliste et l'artiste admirent l'habileté du petit animal qui construit avec beaucoup d'art son fragile édifice. Le corps des arachnides, on le sait, se compose de deux parties, la première se compose de la tête et de la poitrine réunies (*céphalothorax*), la seconde est l'abdomen. Elles possèdent quatre paires de pattes et huit yeux disséminés sur la tête. A l'extrémité inférieure de l'abdomen on peut voir les *filières*, sortes de petites mamelles d'où sort le liquide épais et visqueux qui devient un fil soyeux en se séchant au contact de l'air.

Ce fil, d'une grande finesse, est formé d'un grand nombre d'autres fils incomparablement plus déliés et que le microscope seul permet de voir. Le liquide est filtré à travers de nombreux trous microscopiques comme l'eau à travers les trous de la pomme d'un arrosoir, puis ces divers jets se rassemblent avant de sortir par l'ouverture unique de la mamelle.

L'araignée dévide pour ainsi dire son fil, et jette d'abord quelques brins destinés à former une sorte de charpente qui encadrera la toile proprement dite. Elle fixe à ce cadre les extrémités des fils équidistants qui viennent comme autant de rayons se réunir à un centre. Elle unit ensuite ces rayons par des fils trans-verses qui forment les côtés de polygones concentriques équidistants; le réseau est terminé. — Si un rayon de soleil vient se jouer dans ce filet élégant, régulier et léger, la lumière blanche, en se heurtant contre les fils, se décompose en nombreux arcs-en-ciel, dont les brillantes couleurs se montrent successivement par groupes variés selon l'inclinaison ou l'étendue des rayons de la toile.

Dans l'habileté innée de l'ouvrière et surtout dans le lien nécessaire entre la sécrétion du fil et la construction du réseau, on voit une manifestation de l'instinct ; l'araignée fait sa toile comme l'oiseau fait son nid, mais elle produit les matériaux de construction, tandis que l'oiseau les emprunte au monde extérieur. L'araignée est une petite machine à faire de la *toile*, ou plutôt le réseau qu'on désigne sous ce nom ; mais c'est une machine qui fonctionne d'elle-même, qui n'exige pas une intervention étrangère. Il ne faut pas de mécanicien pour la mettre en mouvement. Impossible pour elle de se soustraire à l'obligation de faire un réseau : c'est le réseau obligatoire.

Toutes les araignées d'une même espèce le font de la même manière et sur le même plan, de même que toutes les hirondelles de nos pays font des nids semblables et reproduisent un type unique. C'est toujours avec le même art, la même sûreté dans le coup d'œil qu'elles disposent leurs fils. La toute jeune araignée sans expérience comme la vieille araignée. Point d'enseignement, point de progrès ; la perfection du premier coup. Cette petite machine animée fait toujours sa toile à l'aide des mêmes éléments, qu'elle tire d'elle-même et qu'elle ne saurait modifier, puisqu'ils proviennent d'une sécrétion. Toutes ses semblables répètent le même travail ; aucun

changement ni dans la façon, ni dans l'exécution, ni dans la matière première. Elle ne peut pas
plus modifier la matière du fil que nous celle de nos
cheveux. Singulière intelligence, si c'était de l'intelligence, qui ne serait propre qu'à faire de la toile et
une toile d'une certaine nature.

L'*araignée maçonne*, avec une organisation presque semblable, procède tout autrement. Elle creuse
un trou dans la terre, une
sorte de puits, pour en faire
sa demeure ; elle le revêt intérieurement d'une tenture
tissée avec son fil. Puis elle
pétrit un peu de terre dont
elle fait un couvercle qui sera
la porte de sa cachette ; enfin, à l'aide d'une charnière
élastique et souple formée de
fils, elle fixe le couvercle au trou de manière qu'il
tourne comme une porte sur ses gonds. Jamais une
*maçonne* ne fait de toile comme une épeire, et jamais
*épeire* ne s'est transformée en maçonne ; mais chaque
espèce obéit à son instinct depuis qu'il y a eu des
araignées dans le monde.

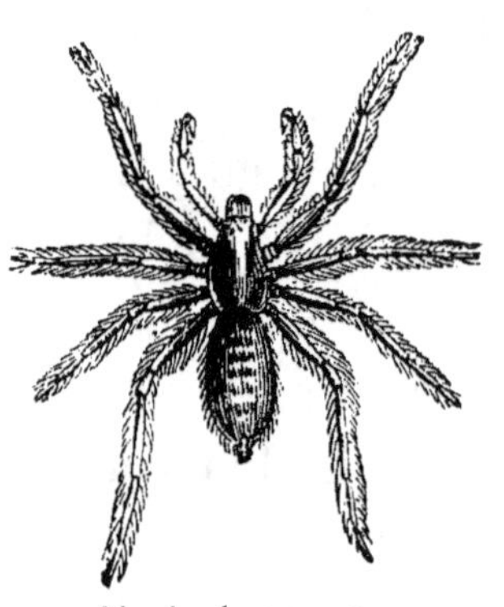

L'araignée maçonne.

Voilà bien l'instinct avec ses caractères : fatal, nécessaire, parfait, invariable, propre à une espèce, ne pouvantchanger d'adaptation.

Si cet exemple ne figure pas parmi ceux qui ont été cités plus haut à propos de l'instinct de construction, c'est parce que l'organisation même de l'araignée suppose l'instinct. Les glandes qui sécrètent la matière du fil, ainsi que les filières, font partie de son corps au même titre que ses yeux et ses membres. Elle ne saurait à volonté faire ou ne pas faire de fil, ni le faire plus ou moins fin, puisque la finesse est déterminée par la dimension des filières. Une fois en possession de son fil, elle pourrait, il est vrai, modifier sa toile, en faire varier la forme et la texture; or ceci n'a pas lieu pour une même espèce.

## LES ABEILLES

Habileté. — Ordre. — Travail. — Organisation sociale.

Nous allons reconnaître la même fatalité, la même nécessité dans l'instinct de l'abeille. L'abeille ne sécrète-t-elle pas la cire dont elle fait ses alvéoles? Elle ne la fabrique pas avec des matériaux étrangers, elle la produit naturellement toute faite; sa volonté, si tant est qu'elle ait une volonté, ne peut intervenir, pas plus que dans toute autre excrétion ou sécrétion. C'est entre les anneaux de son abdomen qui se produit l'exsudation de la cire.

Si l'araignée est une filière, l'abeille est un laminoir. La plaque de cire irrégulière qui sort de l'abeille est la cause de la ruche, cela est fatal. Si l'abeille ne faisait point de cire, elle pourrait construire ou ne pas construire de ruche; la cire, matière première des alvéoles, suppose la ruche; celle-ci est la conséquence de celle-là. Mais n'anticipons pas; procédons avec ordre et

Chantons ce peuple industrieux qui prépare le miel;

ou du moins examinons la part qui revient à l'instinct dans l'accomplissement des merveilleux travaux de ces insectes. Chez les insectes, le corps est divisé en trois parties (*tête*, *thorax*, *abdomen*); ils ont trois paires de pattes et portent sur la tête de fins appendices semblables à des cornes souples et déliées, les *antennes*. La plupart sont pourvus d'ailes et tous sont sujets à des métamorphoses plus ou moins complètes, c'est-à-dire qu'au sortir de l'œuf ils n'ont pas la forme définitive sous laquelle ils nous sont familiers. Ainsi les papillons commencent par être chenilles et l'abeille qui vient de naître est un petit ver.

Chez les abeilles, l'instinct se révèle tout d'abord par l'existence de la société. Une femelle unique, donne naissance à un peuple entier qui ne compte pas moins de huit à dix mille individus. Ces abeilles issues d'une mère unique, élevées dans la même ruche, ne se sépareront pas lorsqu'elles seront parvenues à l'âge adulte ; elles formeront une société nouvelle (*essaim*). L'association est la condition absolue de la vie de ces intéressants insectes et de l'exécution de leurs travaux. Nulle ne peut se soustraire à cette obligation de la vie en commun ; on ne voit point d'abeille solitaire construire une ruche et préparer du miel, bien qu'elle puisse produire à elle seule et la cire et le miel. Et d'ailleurs pour qui sont ces apprêts, pour qui la ruche, le miel ? Quel est le mobile de cette activité ingénieuse et féconde, sinon l'élevage des enfants de la communauté ? Il faut donc que l'abeille soit fécondée ; or une seule mère abeille pondant plusieurs milliers d'œufs, ce n'est pas un couple d'abeilles qui suffirait à nourrir et à élever dix mille enfants. L'association est nécessaire. Aucune assemblée n'en a jeté les bases et formulé les statuts.

On voit quelquefois des animaux former des associations temporaires et qui paraissent être le résultat d'une délibération. Les castors, par exemple, se réunissent pour construire leur chaussée ; les loups, lorsqu'ils sont affamés, concentrent leurs efforts pour attaquer une proie redoutable ; les oiseaux se rassemblent pour accomplir leurs voyages périodiques. Il y a donc des rassemblements provoqués par la nécessité de la défense ou de l'attaque, ou par suite d'un besoin pressant à satisfaire ou d'un péril à éviter. Ce sont là des associations libres qui n'ont que faire avec l'instinct. Les loups une fois rassasiés, les hirondelles parvenues au terme de leur voyage, les castors après l'achèvement de leur construction, en un mot, lorsque le besoin a été satisfait, le péril conjuré, les obstacles franchis, la société se dissout et les animaux reviennent à leur mode ordinaire d'existence, à la vie de famille.

La société des abeilles, au contraire, est permanente, car toute l'économie de la ruche repose sur

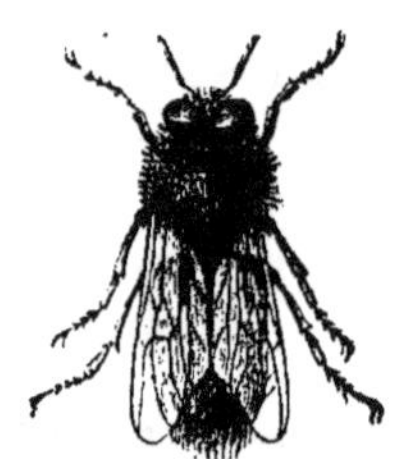

Abeille femelle.        Abeille neutre ou ouvrière.        Abeille mâle.

la constitution des abeilles en société. L'essaim se compose toujours, au début, d'une femelle unique, de quelques centaines de mâles et de dix à quinze mille neutres ou ouvrières — selon qu'on les considère au point de vue du sexe ou des fonctions. — Le chef est la femelle: Elle s'élève dans les airs escortée par les mâles, et, la fécondation opérée, elle descend suivie de son escorte, que la population ouvrière égorge impitoyablement. La mission unique de la femelle est de pondre, celle des ouvrières est de construire la ruche, de vaquer à tous les soins de l'intérieur et à l'approvisionnement de la société.

Depuis bien des siècles, poètes et naturalistes ont décrit les mœurs des abeilles. Virgile a pu commettre des erreurs de détails, sans doute ; comment aurait-il pu connaître ce que le microscope a révélé? Mais il n'a rien ignoré de ce qu'on peut découvrir par une observation intelligente et attentive. Or, de tout temps on a vu les abeilles vivre comme aujourd'hui, et leur société, constituée de la même manière, a toujours été soumise aux mêmes règles inflexibles.

Les caractères de l'instinct se montrent encore dans la construction de la cellule et des *rayons* ou *gâteaux*. La première n'a changé ni de forme ni de grandeur. Le modèle en est invariable comme la matière première dont elle est formée. Seules les ouvrières peuvent les construire ; leurs fonctions sont obligatoires, par cette raison qu'elles seules possèdent des organes conformés en vue de ces fonctions. En effet, leurs jambes de derrière ne présentent-elles pas cet enfoncement qui a été nommé la *corbeille*, parce qu'elles y rassemblent le pollen, et au-dessous n'y a-t-il pas cette autre partie de la jambe qui est poilue, dont elle se sert comme d'une *brosse* pour

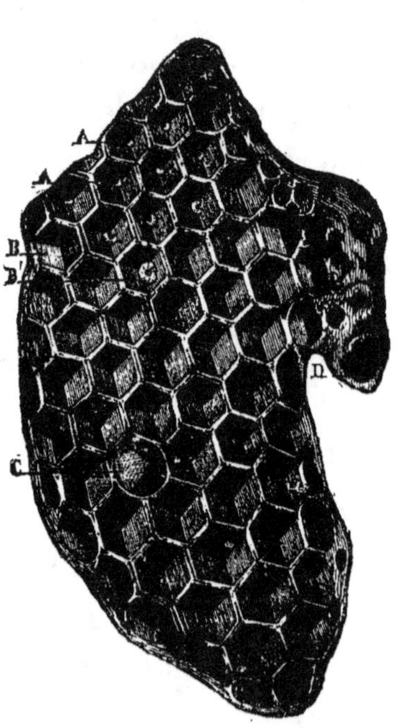

Fragment de rayon montrant les cellules de face.

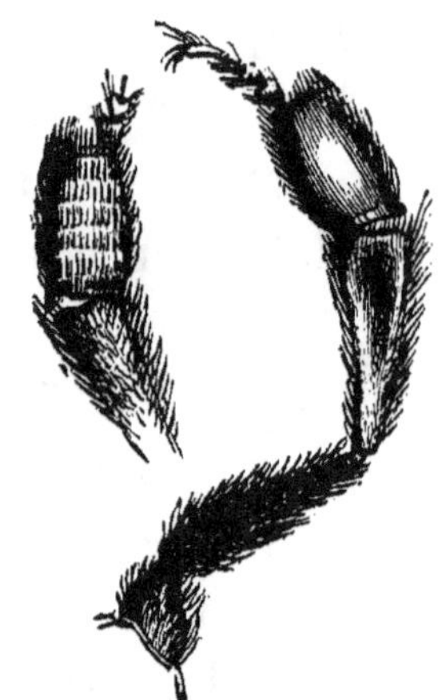

Patte postérieure d'abeille dessus et dessous.

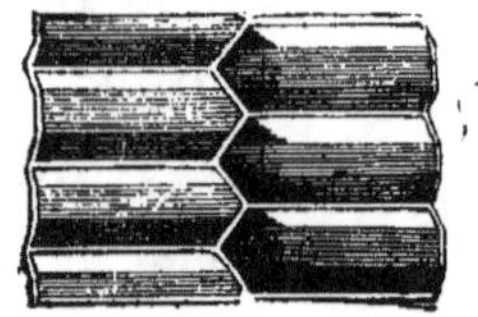

Fragment de rayon coupé en travers et montrant les cellules dans le sens de la longueur.

rassembler le pollen? la bouche n'est-elle pas armée de manière à faire l'office de plusieurs outils? enfin ne portent-elles pas, dans les intervalles des quatre derniers anneaux de l'abdomen, les organes qui sécrètent la cire? Tout est déterminé, tout est prévu, tout est fatal. Les fonctions ne sont pas volontaires, elles résultent de l'adaptation, de l'appropriation des organes. L'ouvrière est bien nommée — elle seule travaille, — et pour qu'elle ne soit pas détournée de son travail, un célibat naturel est la conséquence de son organisation. Certes, cette dernière aptitude négative ne saurait s'expliquer par la sélection! Quel plus étrange paradoxe que la conservation par l'hérédité de l'inaptitude à la fécondation! Tout est déterminé de même pour les mâles et pour la femelle, si bien déterminé qu'une femelle venant à manquer, on en crée une nouvelle, mais une seule par ruche. Les mâles fécondent, la mère pond, les neutres travaillent et ont en partage le gouvernement et le soin de la colonie.

Constitution sociale, diversité et nombre des individus de chaque sorte, mode de construction des cellules et des rayons, répartition des fonctions, adaptation des organes aux fonctions, phases diverses de l'évolution de l'essaim, perfection et invariabilité dans les voies et moyens : tout rappelle l'instinct.

Dans cette ruche qui vient d'être édifiée, cinquante mille berceaux environ attendent les œufs de la mère abeille. Celle-ci, au retour de son voyage aérien, parcourt les rayons, examine attentivement chaque cellule, et si elle est satisfaite de son examen, elle y pond un œuf. Quinze cents œufs sont ainsi pondus dans une seule journée, et chose singulière, ces œufs se succèdent dans un certain ordre : œufs d'ouvrières tout d'abord, puis œufs de mâles, et enfin œufs de mère ; cet ordre n'est troublé que si l'époque de la fécondation varie. Assurément il n'y a là ni prévision, ni acte volontaire. — Pendant qu'elle remplit ainsi ses fonctions, la mère abeille est l'objet des attentions, des soins, nous allions dire, de la vénération des ouvrières ; aussi Virgile en avait fait un roi, et de nos jours on l'appelle encore la reine.

Nous ne suivrons pas l'essaim dans toutes ses phases, nous ne décrirons pas les troubles qui naissent quelquefois dans la colonie, notre intention n'étant que de recueillir les traits de la vie et des mœurs des animaux qui se rapportent à l'instinct.

### LES FOURMIS

Les mineurs. — Peuples pasteurs. — Peuples conquérants.

Si intéressantes que soient les abeilles, à notre point de vue les fourmis le sont plus encore. On ne saurait voir chez nul autre insecte plus de diversité et de singularité dans les manifestations instinctives. Il s'y mêle des actes d'intelligence évidents dont nous nous occuperons plus loin.

Les fourmis vivent en société comme les abeilles, et la société se compose également d'individus de diverse nature; mais tandis que le plan de la ruche est unique, nous avons affaire à des *fourmilières* différentes selon que les fourmis sont *charpentières*, ou *mineuses*, ou *maçonnes*.

Au premier abord on ne découvre pas dans une fourmilière ce qu'on s'attend à y trouver, c'est-à-dire une construction remarquable sous le rapport de la bonne distribution des diverses pièces, des dégagements faciles, de la solidité de la construc-

Fourmi mineuse.

Fourmis rouges : femelle et neutre.

tion, etc. Un peu d'attention nous montre, sinon l'élégance et la régularité de la ruche, au moins une installation commode et une bonne distribution des locaux. En outre, on remarque la bonne disposition des matériaux de construction au point de vue de la solidité de l'édifice; mineuses ou charpentières, les fourmis procèdent comme nos ingénieurs dans la construction des galeries en vue de l'exploitation des mines, et assurément elles n'ont pas imité les travaux de nos ingénieurs. Les matériaux les plus variés servent au boisage et au muraillement : ce sont des grains de blé, des fétus de paille, des fragments de bois, des débris d'insectes. Tout leur est bon, pourvu qu'elles y trouvent la forme, les dimensions et la solidité convenables. — Dira-t-on aussi que les fourmilières sont modifiées parce qu'on y trouve des débris de l'industrie humaine **qui autrefois ne pouvaient s'y trouver**! — Dans certains cas, comme on le verra plus loin, elles apporteront certaines modifications et prendront des mesures qui montreront qu'elles n'obéissent pas seulement à l'instinct.

C'est parce qu'ils ont trouvé dans les fourmilières ces substances si diverses que les observateurs superficiels ont cru à des préjugés qui règnent encore, et que notre grand fabuliste n'a pas peu contribué à entretenir. De même, la dénomination impropre d'*œufs de fourmis* donnée aux cocons des fourmis est cause que certaines gens croient que ce sont réelle des œufs de fourmis, et ne sont pas surprises, dit Blanchard, de voir les fourmis pondre des œufs plus gros qu'elles.

La fourmi rousse construit la fourmilière dont nous venons de parler. La fourmi noir cendré n'emploie que la terre dans sa construction ; elle en fait une sorte de mortier, avec lequel elle élève des piliers et des murs et édifie une habitation à plusieurs étages. La fourmi fuligineuse creuse le bois, le rabote, le

polit pour construire sa fourmilière à plusieurs
étages, dont les plafonds-planchers ont l'épaisseur
d'une mince carte de visite.

Fourmis noir cendré neutre et femelle.

Toutes les fourmis vivent sur la terre ; elles se rencontrent donc en vaquant à leurs travaux, et cependant
elles ne s'empruntent pas leurs procédés et ne s'imitent pas mutuellement. La chose est d'autant plus sur
prenante que les fourmis ne diffèrent guère que par
leurs dimensions et que leurs instruments de travail
sont sensiblement les mêmes. On ne voit pas de différences organiques qui puissent expliquer les différences si caractéristiques qu'on remarque dans
leurs travaux. Ainsi l'instinct n'est pas modifiable et
ne se transmet pas, même d'une espèce à une autre
très voisine.

Ces insectes ont un soin tout particulier de leurs
petits : ils les soignent, ils les nettoient, leur donnent
la becquée, les conduisent à la promenade par les beaux
jours. Si quelque danger les menace, on les leur voit
saisir entre leurs mandibules et les transporter sans
leur faire aucun mal, ce qui surprend d'autant plus
que le corps de ces petits insectes est d'une consis-

ₜance molle et que les mandibules des fourmis sont dures. Ne voit-on pas la chatte inquiète emporter ses petits dans ses crocs sans les blesser?

***

Toutes les fourmis ont un goût marqué pour un liquide que produisent les pucerons, et la manière dont elles se conduisent envers ces petits insectes, le soin qu'elles en prennent, les attentions dont ils sont l'objet de leur part excitent un étonnement et un intérêt légitimes.

Les pucerons sont fort petits; on peut néanmoins les voir à l'œil nu. La tête rappelle assez celle des cri-

Puceron de rosier, mâle et femelle.

quets, l'abdomen est trapu, rien de gracieux en lui. A l'extrémité du corps, à la partie supérieure, on remarque deux appendices qui ressemblent à des tuyaux de lorgnettes. Les uns ont des ailes, d'autres

n'en ont pas. Ils pullulent partout; sur les arbres et
sur les arbustes, fixés à la surface des feuilles et de
l'écorce, dont ils pompent les sucs. Il en est, comme le
puceron des pommiers (p. *lanigère*), qui se sont acquis une déplorable célébrité par leurs ravages. Le
phylloxéra est un proche parent de ces animaux. Le
puceron du rosier fait le désespoir des jardiniers.

Ces petits êtres, qu'on serait tenté de croire inof-
fensifs si l'on ne regardait qu'à leur taille, sont puis-
sants par le nombre et semblent prendre à tâche de
prouver que le monde appartient aux petits.

Bonnet, de Genève, nous a laissé un journal exact,
comme il dit, de la vie d'un puceron qu'il avait
séquestré. Grâce à une observation de chaque instant, continuée avec une inaltérable patience pendant de longs jours, il a pu suivre toutes les phases
de la vie de ce petit animal, s'intéressant à ses
moindres mouvements, et, comme il le raconte avec
une bonhomie qui n'est exempte ni de finesse ni
d'esprit, observant les actions les plus intimes et les
plus secrètes de son petit solitaire. Il put ainsi constater plusieurs changements de peau survenus dans
l'espace d'un mois environ ; mais, chose plus étrange
et jusqu'alors inconnue, il vit cet être isolé donner
naissance, dans l'intervalle de trois semaines environ,
à quatre-vingt-quinze petits ; puis chacun de ces derniers, également isolés, sans aucun rapport avec ses
congénères, donner naissance à son tour à un nom-

bre à peu près égal de nouveaux pucerons, et cela pendant dix générations consécutives.

Or, tandis que ces femelles produisent des petits vivants pendant la belle saison, vers l'automne les couples de pucerons produisent des œufs. C'est ce que Bonnet put constater, au grand étonnement du monde savant. On connaissait des animaux *vivipares*, c'est-à-dire dont les petits naissent vivants ; on connaissait les *ovipares*, qui pondent des œufs ; mais on ignorait que les deux modes de propagation pussent se rencontrer chez le même animal, et surtout on ne savait pas que des femelles isolées pouvaient donner naissance à des petits.

On s'explique maintenant la rapidité avec laquelle quelques pucerons peuvent infester nos jardins et devenir redoutables malgré leur petitesse. Suspendons maintenant cette digression pour revenir à nos fourmis.

Voyez-vous quelques fourmis courir affairées sur un arbuste : suivez-les des yeux ; si l'arbuste donne asile à des pucerons, vous serez témoins d'un curieux manège. La fourmi s'approche du puceron avec précaution, lui signale sa présence en le touchant légèrement avec ses antennes ; elle semble le caresser délicatement en promenant doucement ses antennes sur la partie postérieure du corps du puceron. Le puceron ne paraît pas insensible à ces caresses. Bientôt des gouttelettes d'un liquide blanchâtre perlent aux extrémités des petits appendices, comme le lait sort des mamelles. En un mot, la fourmi vient de traire le puceron. Elle boit ce lait de puceron, dont elle paraît friande.

Chaque fourmi recommence le même manège avec plusieurs pucerons jusqu'à ce qu'elle soit rassasiée, puis elle prend une gorgée de lait qu'elle porte aux jeunes fourmis ou aux larves.

Les fourmis ne s'arrêtent pas là : elles emportent quelquefois les pucerons à la fourmilière, sans doute pour n'avoir pas le souci d'aller à la traite au dehors, et peut-être afin de pouvoir, par tous les temps, disposer de leur petit troupeau. Cela les oblige tout naturellement à construire une étable dans la fourmilière et à pourvoir à la nourriture des pucerons. Elles traitent les pucerons comme nous notre bétail, si ce n'est qu'elles en prennent plus de soin encore.

Lorsque l'étable est prête, les fourmis s'en vont en chasse. Chacune d'elles s'approche d'un puceron, le chatouille jusqu'à ce qu'il abandonne la feuille dont il puisait le suc; alors elle le saisit doucement par le milieu du corps avec ses mandibules et l'emporte, quoiqu'il soit parfois plus gros qu'elle.

Rien ne manque aux pucerons captifs de la fourmilière; ils paraissent contents de leur sort. Les
fourmis les soignent, les déplacent lorsque cela est
nécessaire, et ne s'en occupent pas moins ni avec
moins de tendresse que de leurs propres enfants.

Il n'a pas été nécessaire, on le voit, de promulguer
dans la société des fourmis une loi protectrice des animaux. Faut-il voir là une supériorité?... Nous étions
sur le point de voir des manifestations d'intelligence
dans la conduite des fourmis à l'égard des pucerons,
et voici que nous sommes frappés de la sagesse exem-
plaire, mais trop uniforme, de leurs mœurs. Cette
affection toujours égale, cette tendresse sans impatience, cette bonté sans lassitude, ce dévouement
sans relâche, tant de vertus sans un seul vice ne se
rencontrent pas chez les créatures; il faut en chercher
la cause au dehors et non dans la volonté de l'animal,
ce qui nous ramène à l'instinct.

Bien avant la Fontaine, les animaux auraient pu
servir à l'éducation des hommes si on les eût mieux
connus. La Fontaine les a fait parler pour nous in-
struire, mais il leur a prêté des qualités qu'ils n'ont
pas. Combien il eût été préférable que, dans son ma-
gique langage, il nous en eût décrit les mœurs vraies!
La poésie n'aurait rien perdu à servir la vérité. Cette
perfection que nous retrouvons si souvent dans leurs
actes, nous y tendons par des efforts qui nous valent

quelque mérite, tandis que les animaux, qui la possèdent sans l'avoir acquise, n'en ont pas conscience
et n'en tirent aucun avantage moral.

Toutes les fourmis ne sont pas des peuples pasteurs, paisibles, laborieux, économes et n'ayant pas
d'histoire. L'espèce nommée *polyergue roussâtre*
forme des tribus guerrières qui attaquent les autres
fourmis afin de s'emparer des enfants, dont elles font
plus tard des esclaves. Ce petit être semble n'avoir
rien à envier à l'homme : tout à l'heure il pratiquait
la vertu, et maintenant il s'abandonne à ses instincts
féroces. Serait-ce que la guerre n'est pas moins nécessaire au monde que la paix!

Les fourmis guerrières semblent procéder comme
nous dans la formation et la marche de leur armée;
elles vont à la guerre, non comme une foule tumul-
tueuse, mais dans un ordre parfait; les rangs se
pressent sans se confondre.

Lorsqu'elles ont atteint une fourmilière de fourmis
noires, l'attaque commence et les choses ne se passent
pas autrement que dans nos batailles, lorsque nous
combattons corps à corps. La lutte est féroce, le mas-
sacre complet. C'est un champ de bataille avec tous
les incidents habituels : il y a des morts, des mou-
rants et des blessés.

La bataille terminée, les fourmis belliqueuses pénètrent par toutes les issues dans la fourmilière, s'engagent dans les couloirs et s'emparent des larves, qu'elles emportent. Ces larves deviendront des fourmis esclaves ou serviteurs des fourmis conquérantes. Devenues adultes, elles nourrissent leurs vainqueurs, les soignent comme leurs enfants, si bien que les vainqueurs deviennent les véritables esclaves, car ils sont incapables de vivre seuls et se laissent même mourir de faim si on leur enlève leurs esclaves. D'ailleurs ces fourmis esclaves ne cherchent nullement à échapper à leurs maîtres pour reconquérir une liberté qu'elles n'ont jamais connue. Elles se sentent chez elles et en famille : ce sont des domestiques attachées à la maison. Hâtons-nous de dire qu'on ne voit pas, comme dans la société humaine, despotisme d'un côté, sujétion de l'autre, mais association librement consentie. On a vu pendant une migration les maîtres porter leur soi-disant esclaves dans leurs... bras.

Où l'on voit la marque de l'instinct, c'est dans ce fait que les fourmis belliqueuses sont toujours vainqueurs et ne deviennent jamais esclaves. Seules elles sont propres à la guerre, aucune autre espèce n'a les mêmes mœurs. Certaines races humaines ont pu se créer des aptitudes ou plutôt des habitudes militaires,

car l'instinct guerrier est dans l'homme; il n'en est
pas moins vrai que tous les peuples font ou ont fait
la guerre, que tous passent par des phases analogues
pendant leur évolution, que toute société humaine
est un organisme qui naît, se développe et se transforme, comme tout organisme, en manifestant une
succession de phénomènes analogues. Les peuplades
uniquement guerrières ne se sont pas perpétuées :
c'était un accident sans conséquence, un phénomène
passager. Tout peuple vainqueur est vaincu à son
tour par ses ennemis ou par la civilisation.

La fourmi guerrière n'est que guerrière; encore
est-elle impuissante à enseigner son art aux fourmis
qu'elle attaque, et qui n'ont pas d'ailleurs les armes
naturelles de leurs vainqueurs. Seuls les peuples
humains passent par des alternatives de paix et de
guerre et sont tantôt conquérants, tantôt subjugués.
Dans l'humanité seule il y a un art de la guerre dont
les procédés et l'outillage varient avec la science, à
laquelle il fait de continuels emprunts. Cet art a ses
règles que tous les peuples sont appelés à connaître.
Quand l'homme triomphe, c'est par l'intelligence,
puisque c'est par elle qu'il crée les engins dont il
fait usage, et c'est encore grâce à l'intelligence qu'il
dresse le plan de la bataille et qu'il affronte résolu-
ment la mort. Seul l'homme connaît la suprême
satisfaction que cause le sacrifice de soi-même. Seul
il peut être martyr d'une idée, et contraindre à la
mort son corps qui se révolte.

La fourmi guerrière, toujours vainqueur, par les mêmes moyens, atteint toujours le même but. Elle n'a point la furie du combat, elle ne lutte pas pour une idée, elle ne connaît pas la gloire. Elle accomplit une fonction à laquelle ses organes et son instinct la condamnent.


## LE FOURMI-LION

### Son piège. — Patience et ruse.

L'insecte élégant qui ressemble à la demoiselle, le *fourmi-lion*, a été d'abord une larve trapue. Rien ne pouvait faire supposer une métamorphose aussi complète. L'insecte parfait a la taille assez bien prise, le corps long, de couleur noire avec des plaques jaunes; les ailes étroites, longues, transparentes, parcourues de nombreuses nervures noires et tachetées de blanc. La larve au contraire, de couleur grise, a une petite tête plate et un ventre énorme; aussi se déplace-t-elle difficilement. Sa bouche est armée de puissantes mandibules qui lui servent à égorger sa proie, dont elle suce le sang et les entrailles.

Bien qu'on le nomme *lion des fourmis*, cet animal n'a pas les allures de son homonyme et ne s'élance pas sur sa proie, confiant dans sa force. Il triomphe par la patience, la ruse et l'ingéniosité au moins apparentes. Il chasse au piège, mais le piège qu'il construit est un chef-d'œuvre.

Après avoir choisi un endroit sablonneux, il y creuse un trou conique ou en forme d'entonnoir, la base en haut, à la surface du sol, le sommet en bas. Il commence par tracer un premier sillon circulaire d'une régularité irréprochable, dont les dimensions sont sensiblement les mêmes pour tous les fourmis-lions, c'est-à-dire de huit centimètres de diamètre. Entrant alors dans le cercle, il se place contre le bord intérieur, creuse le sol avec ses pattes de devant, rassemble le sable déblayé sur sa tête aplatie, puis, lorsque la charge est suffisante, il imite le mouvement d'épaules de l'homme qui, portant un fardeau, le jette à terre, et rejette ainsi sa charge au dehors du cercle. Il marche à reculons, et, suivant le contour du cercle, il continue son travail jusqu'à ce qu'il ait fait le tour complet. Il creuse alors un second sillon, intérieur, concentrique et tangent au premier, et par conséquent plus petit. Mais au lieu d'avancer dans le même sens, il tourne en sens contraire, peut-être afin de se servir alternativement tantôt des pattes du côté droit, tantôt de celles du côté gauche. Il procède de la même manière, creusant, rejetant les déblais et marchant à reculons. Un troisième sillon également concentrique est ainsi tracé à l'intérieur des deux autres et au contact du second. Il poursuit sa tâche jusqu'à ce qu'il soit parvenu au centre. Il recommence ensuite en creusant de plus en plus profondément, à mesure qu'il s'approche du centre, de manière à ménager une pente uniforme et à donner au trou la forme conique. Lorsque le puits est achevé, sa plus grande profondeur est d'environ cinq centimètres.

Le fourmi-lion a soin d'enlever tous les grains un peu gros et qui sont pour lui comme des pierres de taille; il les rejette au dehors du trou lorsqu'il en trouve pendant son travail, ce qui exige de sa part des efforts considérables. On le voit quelquefois, nouveau Sisyphe, remonter à plusieurs reprises la pierre qui a roulé plusieurs fois sur les pentes; mais, plus heureux que Sisyphe, il abandonne son travail s'il rencontre dans le sol de fréquents obstacles de la même nature, et s'en va, sur un autre point, chercher un lieu plus propice à son dessein.

Les pentes du trou sont régulières, rapides, unies, tapissées d'un sable fin et uniforme. Le piège est achevé : sa forme est toujours la même, avec les mêmes dimensions, la même régularité, la même perfection; il emploie les mêmes procédés, les mêmes moyens. Le fourmi-lion fait seul des pièges semblables, les exécute sans instruction préalable, sans expérience

possible; ce qu'il n'a pas appris, il ne l'apprend
pas à d'autres, et, chose singulière, les fourmis,
malgré leur intelligence apparente, n'ont pas appris elles-mêmes à s'en défier, et doivent succomber
fatalement pour que le fourmi-lion ne meure pas
de faim. Voilà bien les caractères de l'instinct.

Examinons maintenant le fourmi-lion en embus-
cade : Il est là, au fond de l'entonnoir, enfoncé
dans le sable, ne laissant voir qu'une partie de sa
tête, avec ses deux pinces puissantes et relativement énormes — nos carnassiers les mieux armés ne
le sont certes pas autant que le fourmi-lion — malheur à la fourmi imprudente ou curieuse qui s'approche de ces bords dangereux! Si du haut du pré-
cipice elle jette un coup d'œil interrogateur, un
grain de sable, lancé adroitement, comme la pierre
d'une fronde, l'atteint à la tête et l'étourdit. Elle
chancelle et cherche à fuir le danger; avant qu'elle
ait fait un mouvement, un nouveau projectile l'a
de nouveau atteinte, et, glissant sur la pente rapide, elle roule au fond du trou, où le fourmi-lion
la saisit, la déchire, la dévore, et rejette au loin
les débris qui pourraient éloigner une nouvelle
proie.

Le fourmi-lion, si habile pour construire ce piège
et pour faire la chasse aux fourmis, ne peut appliquer son habileté et son adresse à autre chose qu'à
ce qu'il fait. Ce n'est même pas l'instinct d'un insecte, c'est celui de sa larve, instinct dont l'animal
parfait n'a aucun souvenir et dont il n'a pas occasion de se servir, ayant d'autres organes et un autre
genre de vie. Ainsi, l'instinct se manifeste d'une manière différente dans les divers états d'un même insecte. Explique qui pourra comment le même animal, la même source de vie, à travers les formes
diverses qu'elle revêt, peut adapter à chaque forme
des habitudes et une manière de vivre particulières
avec les organes appropriés.

### LES ICHNEUMONS

**L'insecte de proie. — Auxiliaire de l'homme. — L'inoculation.
L'auscultation.**

Le jardinier voit avec terreur les chenilles de la
piéride qui dévorent ses choux. Il n'en restera bientôt plus de ces feuilles larges et plantureuses : le
petit animal broute constamment et ne cessera de
brouter que lorsqu'il aura atteint son développement
complet de larve. Tout à coup on aperçoit au-dessus
du plant un insecte assez gracieux : sa tête fine est

rehaussée par d'élégantes antennes, délicates, souples, déliées, d'une mobilité extrême ; ses petits yeux sont vifs, sa taille est svelte, son abdomen un peu lourd. Il plane en imprimant un rapide mouvement vibratoire à ses ailes légères et brillantes. Observez l'extrémité du corps ces longues soies fines mais

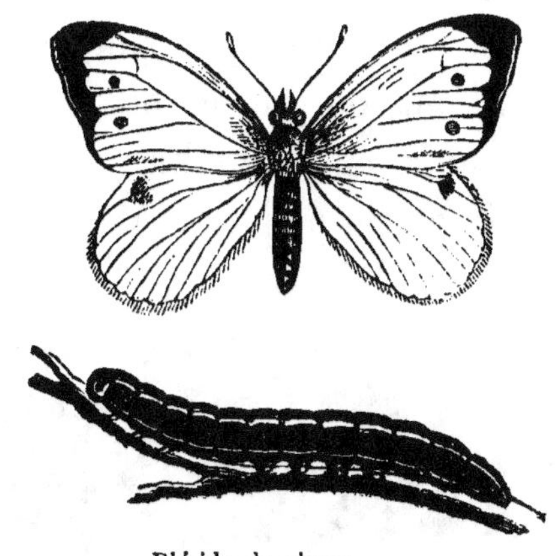

Piéride de choux.

résistantes, l'une d'elles est creuse comme un tube et pointue comme une aiguille, par là sortent les œufs de l'animal : cet insecte est un *ichneumon* (*microgaster*).

L'ichneumon plane au-dessus des choux comme un oiseau de proie, et dès qu'il aperçoit une chenille, il fond sur elle, l'étreint de ses six pattes, et, recourbant son abdomen, il plonge son aiguille dans le corps de la chenille. En même temps, un œuf glisse dans le conduit et pénètre par la blessure dans le corps de la chenille. Il vient à la charge à plusieurs reprises et chaque fois dépose un nouvel œuf. C'est là, on en conviendra, un singulier instinct. Si l'on observe avec attention le manège de l'animal, on s'aperçoit, non sans étonnement, que l'ichneumon pond un nombre d'œufs proportionné au corps de la chenille. Aussi la ponte, commencée dans le corps d'une chenille, s'achève quelquefois dans le corps d'une autre. L'ichneumon vise-t-il un but, ou plutôt voit-il le but qu'il atteint en mesurant ainsi le nombre de ses œufs au corps de sa victime? On pourrait le croire, car la chair de

Larves d'ichneumon dévorant une chenille.

la chenille est destinée à servir de pâture aux larves ou vers qui vont sortir des œufs. Il faut donc des provisions en quantité suffisante pour que les larves ne meurent pas de faim.

En admettant que l'ichneumon agisse avec connaissance de cause, on n'en saurait dire autant des larves, qui en dévorant la chenille ne touchent pas d'abord aux organes essentiels, dont la perte entraînerait celle de l'animal lui-même. Elles ont soin de contourner ces organes, de ne pas entamer la peau qui doit leur servir d'abri. Dans l'intérêt des larves

mêmes, la chenille ne doit pas mourir avant qu'elles
aient atteint leur développement complet. Au dernier moment seulement les organes seront dévorés
à leur tour, la chenille mourra ; mais les larves seront
parvenues au terme de leur existence de larves.
Mort de l'une, développement complet des autres,
sont deux faits simultanés ; provisions et abri, tout
a disparu en même temps, lorsque l'un et l'autre
n'étaient plus nécessaires.

Si les actes de l'ichneumon pouvaient à la grande
rigueur passer pour intelligents, on ne saurait accorder aux larves l'intelligence profonde, l'expérience, le savoir que suppose leur manière de
vivre et d'agir. Il y a là un instinct des plus bizarres
et des plus curieux, immuable, parfait, propre à
l'ichneumon, et auquel cet animal est inévitablement
soumis par le fait de son organisation, puisqu'il possède un oviducte qui est en même temps un aiguillon.

Tous les ichneumons ne procèdent pas de même :
L'*ophion* dépose ses œufs à la surface même du
corps des chenilles, à laquelle ils restent fixés par
un appendice visqueux comme de petits grelots sus-
pendus. Au moment de leur naissance, les larves
restent à demi engagées dans l'œuf, et ne sortent
guère que la tête, juste assez pour pouvoir ronger
à même la chenille sans se déranger.

7.

⁂

Un autre ichneumon, l'*éphialtès*, découvre avec une sûreté surprenante, et peut-être au moyen d'un flair subtil, les larves cachées dans l'épaisseur du tronc des arbres. Celles-ci se croyaient bien en sûreté et rien ne semblait trahir leur présence. Mais l'éphialtès court sur l'écorce, frappant à coups redoublés à l'aide de sa tarière; il sonde, il *ausculte* le tronc. Tout à coup il s'arrête; il a reconnu l'existence d'une larve, et alors, à travers une fente invisible à nos yeux, il insinue son aiguillon et atteint la larve qui paraissait si bien abritée.

Femelle du fœne lancier (voisin des ichneumons).

La tarière n'est pas de même longueur pour tous ces insectes; or chacun vit sur les arbres dont l'écorce a une épaisseur proportionnée à la longueur de sa tarière. Dira-t-on que l'animal l'a voulu ainsi? Ne voit-on pas au contraire, dans cette adaptation des organes aux fonctions, un caractère évident de l'instinct?

Passons d'une étrangeté à une autre plus grande
encore ; voici un ichneumon qui choisit, pour y pondre ses œufs, non l'intérieur ou la surface du corps,
mais les œufs d'un autre insecte. Dans chaque œuf
il en met un des siens qui, éclos avant l'autre, donne
naissance à une larve qui mangera le premier œuf.
De Geer, le Réaumur suédois, reçut un jour une
feuille sur laquelle se trouvaient fixés un grand
nombre d'œufs de papillon. Quel ne fut pas son
étonnement lorsque, après un certain temps, de
chacun des œufs sortit un petit ichneumon.

L'ichneumon serait-il doué d'une vive intelligence ? Si, après avoir déposé un certain nombre
d'œufs dans une chenille, il l'abandonne pour aller
continuer sa ponte dans une autre, ne serait-ce pas
parce qu'il rencontre une résistance et s'aperçoit
qu'il n'y a plus de place pour de nouveaux œufs ?
— Si les larves n'attaquent les organes de la chenille qu'au dernier moment, ne serait-ce pas parce
qu'au début elles n'ont pas une mâchoire assez
puissante pour dévorer les parties dures ? —
A-t-on vu des larves d'ichneumon mourir de faim
par suite d'un faux calcul de leur mère ? — Voilà les
questions que pourraient poser ceux qui croient à
l'intelligence de l'ichneumon. Mais il leur resterait

toujours à se rendre compte de la singularité de la ponte et de la concordance entre l'organisation de l'animal et sa manière de pondre.

## LE PERCE-BOIS

### Prévoyance inconsciente.

Certains insectes qui, par leur forme, se rapprochent des abeilles, vont nous offrir des instincts avec les caractères les plus nets et les plus précis. L'*abeille perce-bois* (*xylocope*) a l'air d'un gros bourdon, velu, noir, brillant; on la dirait vêtue de velours à reflets. Ses ailes d'un violet sombre, à éclat métallique, tachetées de jaune et de vert, lui ont valu le surnom d'abeille *violette*.

Au printemps, dans nos jardins, on les voit en grand nombre fouillant les fleurs, pénétrant dans les corolies, où elles vont chercher des sucs ou du pollen.

Observez celle qui vient de se poser sur un poteau; elle l'attaque vivement, elle l'entaille à l'aide de ses mandibules fortes et tranchantes; elle le ronge, le coupe, le râpe, le rabote, car ses outils naturels lui permettent d'exécuter ces travaux variés. Elle pratique ainsi un trou rond, assez grand pour qu'elle y puisse passer; elle continue son travail, creuse le bois dans le sens horizontal, s'enfonce complètement. A l'intérieur, elle mine le bois sans s'éloigner beaucoup de la surface, dont une mince couche de bois la sépare. Au fur et à mesure, elle a eu soin de rejeter au dehors, à l'aide de ses pattes, la poussière de bois résultat de son travail.

Pourquoi tant d'efforts dépensés si rapidement? Pourquoi cette activité fiévreuse dès le début de la vie de l'insecte? C'est qu'il s'agit pour l'animal d'une besogne importante : la vie de l'insecte est courte, il y a presse pour lui d'assurer avant sa mort le sort de sa postérité; c'est pour déposer ses œufs en sûreté qu'il construit cette galerie ou ce nid.

Le nid est prêt. Aussitôt l'abeille s'en va en campagne à la récolte du pollen; elle entre dans les fleurs, se frotte contre les anthères, puis rassemble, à l'aide de ses pattes, le pollen fixé à ses poils, en fait une boule qu'elle vient déposer au fond de la galerie. Sur ce petit tas de pollen elle pond un œuf. La larve qui en sortira trouvera ainsi la pâtée qui lui est destinée.

Ceci fait, l'abeille ramasse au pied du poteau la poussière de bois qu'elle y a fait tomber, l'humecte de salive, et de cette pâte ainsi formée elle fait une cloison mince qui ferme la première case destinée au premier œuf. Elle recommence le même travail au-dessus de cette séparation, dépose une provision de nourriture sur laquelle elle pond un nouvel œuf. Puis elle construit une nouvelle cloison, et continue ainsi jusqu'à ce que toute la galerie soit occupée.

La tâche accomplie, l'abeille meurt sans avoir connu ni ses enfants ni sa mère, morte avant sa naissance. C'est un être isolé au milieu des siens; elle n'a donc rien appris ni rien enseigné. D'elle seule elle a tout tiré, et ses petits feront de même. A leur sortie de l'œuf ils se nourriront de la pâtée qui leur a été préparée, convenable et en quantité suffisante, subiront leurs métamorphoses dans leurs nids obscurs, et, devenus insectes parfaits, ils sortiront en perçant le bois. La sortie a lieu dans l'ordre de la ponte, les abeilles sortent successivement : la première provient du premier œuf pondu, de celui qui occupe le fond de la galerie; la seconde, de l'œuf qui est à l'étage au-dessus, et ainsi de suite. Or, jamais ces insectes ne percent les cloisons qui séparent leurs cases respectives, elles vont droit à la paroi qui les sépare du dehors; chacune pratique sa porte particulière.

A peine sorties, elles construiront l'abri de leurs larves, toujours dans le bois mort et non dans les troncs d'arbre, toujours sur le même plan, avec la même régularité, la même perfection, à l'aide des mêmes procédés et par les mêmes moyens. Enfin, leurs organes sont appropriés au travail qu'elles exécutent et au but qu'elles atteignent sans l'avoir visé. Il nous paraît inutile d'insister davantage sur les caractères instinctifs des actes de cet animal.

## L'ABEILLE MAÇONNE

Mère phytophage; larve carnivore. — L'injection sous-cutanée.
Les piqûres de morphine.

Parmi d'autres abeilles également solitaires, — les *abeilles maçonnes*, — la *cerceris* n'est pas moins intéressante dans sa manière de vivre et possède un instinct plus curieux encore et plus net que celui du perce-bois. Son surnom lui vient de ce quelle construit son nid dans les murs. Tantôt elle profite d'un trou qu'elle y trouve, tantôt elle creuse elle-même un trou. Là elle déposera un œuf; auprès de l'œuf elle mettra la nourriture de la larve qui doit en sortir, puis elle fermera l'ouverture, et ce travail accompli, elle mourra. Jusque-là il n'y a rien que nous n'ayons déjà observé chez le perce-bois; mais voici qui va exciter notre surprise: notre abeille ne dépose pas une nourriture semblable à la sienne auprès de l'œuf qu'elle a pondu; tandis qu'elle se nourrit des sucs de certaines plantes, c'est une nourriture animale qu'elle dépose auprès de son œuf. L'insecte est phytophage, sa larve est carnivore. Comment l'abeille mère pourrait-elle le savoir, elle qui meurt avant d'avoir vu son enfant? Aurait-elle vu la larve d'une de ses semblables? Mais la larve ne sort du nid que lorsqu'elle est devenue insecte parfait; c'est-à-dire abeille comme sa mère. Elle sort du nid comme le papillon sort de son cocon ; elle-même pratiquera l'ouverture par laquelle elle sortira. Il n'y a pas d'observation, pas d'expérience possible pour la mère ; elle ne saurait connaître les goûts de sa progéniture posthume. C'est donc bien une prévision instinctive.

Notre surprise va s'accroître lorsque nous allons voir les singulières précautions prises par l'abeille mère. Il semble que cet insecte nous réserve les plus curieuses d'entre les manifestations instinctives. Croyez-vous qu'elle va placer auprès de l'œuf des proies vivantes? Evidemment non ; l'œuf serait dévoré.— Déposera-t-elle des animaux morts? mais ils pourriront avant l'éclosion de l'œuf, et la larve, qui réclame des proies fraîches, mourra de faim. Elle va résoudre ce délicat problème de placer auprès de l'œuf des proies vivantes, en les mettant dans l'impossibilité de nuire à l'œuf et à la larve : elle pique de son aiguillon les petits insectes qui doivent servir de pâture, et en même temps elle verse dans la blessure, soit un liquide anesthésique qui fait tomber l'animal en léthargie jusqu'au moment où la larve le dévorera, soit un liquide antiseptique qui détermine la mort de l'animal, mais empêche la putréfaction. En un mot, cet insecte a pratiqué avant nous l'injection sous-cutanée et l'anesthésie. Ici, point de calcul, point de combinaisons ni de raisonnement possibles ; ce serait de la divination si ce n'était de l'instinct. Ne voyons-nous pas, là encore, la fatalité résultant de l'organisation? car l'animal ne sécrète pas à volonté le venin qu'il inocule.

Ajoutons un dernier trait qui ne lui est d'ailleurs pas particulier : en murant son nid, l'abeille a eu soin de construire une partie du mur moins solidement que le reste. Or, l'insecte sort de son abri en détruisant précisément cette partie qui présente le moins de résistance. De même les chenilles, en construisant leurs coques ou cocons, laissent un point du tissu plus lâche que le reste, le fil y passe moins souvent que dans les autres parties. Le papillon sort précisément par ce point, en mouillant légèrement la coque et en écartant les fils.

## LES PARASITES

### Le ténia. — L'œstre.

Il nous faut ranger dans les faits d'ordre instinctif le séjour de certains animaux dans le corps d'autres animaux, dont ils sont par conséquent des parasites. Ce séjour est fatal et nécessaire pour le parasite; or, comme on va le voir, il se trouve transporté et ne se transporte pas lui-même dans cet étrange milieu.

Les vers solitaires qu'on trouve dans le corps humain et qui vivent à ses dépens, n'ont pas toujours existé sous la forme que nous leur connaissons, ni vécu dans le même milieu. Ces animaux subissent des métamorphoses ; ils changent de forme, d'organisation et de manière de vivre, à la condition de changer d'habitation. Après avoir séjourné sous une forme dans le corps d'un animal, ils vivent sous une autre forme dans celui d'un autre animal. *Ténia* ou ver solitaire dans le corps de l'homme, *cysticerque* dans le porc ou dans le bœuf.

Le ver solitaire ressemble assez à un ruban de fil : il est plat, mou, blanchâtre, formé d'un grand nombre de fragments rectangulaires ou articles à peu près semblables. Chacune de ces parties est destinée à produire des œufs ; la première est la tête de l'animal armée de crochets. La tête reproduit les anneaux, dont le nombre augmente de plus en plus. L'homme qui abrite et entretient ce ver en rejette les œufs à certains moments, et le porc les trouve un jour ou l'autre dans les immondices où il cherche une partie de sa nourriture.

Dans le corps du porc, les œufs donnent naissance à des têtes de ténia qui sont enfermées dans une vésicule pleine de liquide. C'est l'animal sous sa première forme ; il est alors parasite du porc et constitue chez cet animal la maladie nommée *ladrerie*. Il ne se transforme en ver solitaire qu'autant qu'il passe dans le corps de l'homme, ce qui arrive nécessairement si nous mangeons du porc *ladre*. Mais si le porc meurt et ne sert pas de nourriture à l'homme, les cysticerques meurent avec lui : ils ne parcourent pas le cercle complet de leurs transformations, ils ne deviennent pas animaux *parfaits*. Le porc et l'homme sont deux séjours, deux habitations, deux milieux nécessaires à cet animal pour évoluer. Dira-t-on que le ver a prévu et voulu ces transmigrations?

La maladie des moutons qu'on nomme le *tournis*, qui provoque chez ces animaux une sorte de vertige et les fait tournoyer sur eux-mêmes jusqu'à ce qu'ils tombent foudroyés, est due à un *cysticerque* qui s'établit dans le cerveau du mouton. Si le mouton qui en est infesté est dévoré par un chien ou par un loup, ces derniers ont bientôt après le ver solitaire qui leur est propre. A leur tour, ils en rejetteront les œufs qui, mêlés accidentellement à l'herbe dont se nourrissent les moutons, absorbés par ces derniers, deviendront des cysticerques qui provoqueront le tournis.

Voilà des migrations d'une nature toute particulière et pour lesquelles on ne saurait admettre l'intervention de l'animal; c'est un instinct qui défie, au moins jusqu'à présent, toute explication rationnelle. Nous ne verrions pas même la possibilité d'attribuer à l'homme ou au loup une sorte de complicité inconsciente en vue d'assurer l'existence du ténia. Au contraire, depuis les. prescriptions de

Moïse, qui remontent à quarante siècles, jusqu'aux règlements modernes de la salubrité, on a soin de chasser le porc ladre de nos marchés.

Ce sont aussi de singuliers parasites que ces grosses mouches velues qui tourmentent les chevaux, les moutons et les bœufs. On les désigne sous le nom d'*œstres*. Leur bourdonnement cause une véritable terreur dans les troupeaux, bœufs et moutons sont affolés :

Tout un troupeau s'enfuit en hurlant d'épouvante,

L'œstre du cheval vole assez près des chevaux pour déposer ses œufs sur les poils de l'animal, auxquels ils

L'œstre du cheval.

Larve d'œstre.

adhèrent au moyen d'un liquide gluant. De ces œufs sortent des larves qui doivent continuer leur existence dans l'estomac du cheval, où elles trouveront la nourriture qui leur est nécessaire ; si l'œstre pondait en un point quelconque du corps de l'animal, les larves risqueraient fort de mourir de faim. Qui pourra expliquer pourquoi l'œstre ne dépose d'œufs que dans les parties voisines des genoux et des épaules que le cheval peut atteindre avec sa langue. Le cheval lui-même, en se léchant, se charge sans le savoir d'effectuer le transport des larves dans son estomac, où il les abrite et les nourrit; après quoi, elles seront rejetées au dehors avec les excréments, et accompliront leurs transformations en insecte parfait ou mouche. M. Joly, de Toulouse, a pu suivre pas à pas les manèges de la pondeuse, la marche et le développement des larves, ainsi que leurs transformations. La larve, l'œstre du bœuf se loge sous la peau; celle du mouton s'insinue dans le nez, dont elle gagne les parties supérieures; mais l'œstre du cheval seul nous a paru intéressant à cause de son instinct.

## RÉSUMÉ

### Caractères distinctifs de l'instinct.

En résumé, de l'examen de tous les faits qui précèdent on peut conclure que l'instinct n'est ni un penchant, ni une tendance, ni une disposition de l'esprit à poursuivre un but avec une vue claire du but et le désir de l'atteindre. Comment pourrait-on voir l'effet d'un désir dans un acte que l'animal accomplit sous la pression d'une force irrésistible, apparente ou réelle? Non : l'acte n'est pas volontaire, il est *fatal*.

Il est de plus *nécessaire* : l'existence de l'animal en dépend ; aussi Darwin a-t-il dit avec raison que les instincts sont pour chaque espèce d'une importance aussi sérieuse que les organes. C'est précisément parce que son existence est subordonnée à la satisfaction donnée à son instinct, que l'animal n'a rien à apprendre, et doit pouvoir accomplir parfaitement sa tâche du premier coup, sûrement, sans hésitation ; en un mot, l'instinct est *inné* et *parfait*.

On peut en conséquence prévoir que les manifestations de l'instinct ne sont pas susceptibles de modifications, puisqu'elles sont appropriées à leur fin. Ce serait un non-sens que de vouloir concilier une parfaite adaptation des moyens à la fin avec l'amélioration de ces moyens. L'instinct est *invariable* parce qu'il est parfait, et il est parfait parce qu'il est nécessaire. Ce sont là des conséquences forcées.

Les modifications qu'on a cru observer sont apparentes et ne dépendent pas de l'animal ; les matériaux du nid d'un oiseau ont pu changer, car s'il nous emprunte ces matériaux, il n'a pu s'emparer d'un brin de fil, de coton ou de laine avant que l'industrie humaine les lui ait livrés, si l'on peut parler ainsi. Si l'hirondelle construit son nid contre les moulures des corniches, dira-t-on qu'elle le modifie parce qu'elle l'aura adapté au cadre de pierre où il se trouve fixé ?

Enfin, répétons que l'instinct affecte un caractère *particulier pour chaque espèce*, que pour certaines espèces il est en quelque sorte *commandé par l'organisation de l'animal*, qu'il *ne change pas d'adaptation* et qu'il est *intransmissible*.

L'instinct est donc fatal, nécessaire, inné, parfait, invariable, propre à une espèce, en harmonie avec l'organisation de l'animal, inapplicable à d'autres fins, intransmissible.

En un mot, les actes instinctifs sont comparables à la marche d'une montre :

> Telle est la montre qui chemine
> A pas toujours égaux, aveugle et sans dessein.

La montre est montée, il faut qu'elle marche, et toujours de la même manière, puisque le mécanisme ne varie pas. Les manifestations de l'instinct sont des propriétés et non des facultés.

## LES HABITUDES INSTINCTIVES

Instinct inné, instinct acquis. — Hypothèse sur l'origine des instincts. — Hypothèse de Darwin.

Examinons maintenant les *habitudes instinctives*, ou, si l'on préfère, les *instincts acquis*.

« C'est un effet de l'habitude, » dit-on en parlant d'une action qu'on a faite sans y songer, sans le vouloir pour ainsi dire, et par suite de la répétition fréquente de cette action.

Tandis que vous attisez votre feu, que vous disposez les bûches de manière à activer la flamme, que vous rassemblez les fragments de braise incandescents, je vois que vous faites ces choses instinctivement, et que votre esprit médite sur quelque événement ou poursuit la solution d'un problème. Vos mouvements, habituellement dirigés par votre intelligence, ne le sont pas en ce moment. L'intelligence n'est plus indispensable là où elle l'a été au début ; elle est devenue moins nécessaire, même parfois elle cesse d'intervenir. Les yeux regardant sans voir, les images continuent à se peindre sur la rétine; mais l'esprit préoccupé ne les examine pas. Il y a quelque chose d'analogue dans les mouvements habituels : ils sont accomplis sans être dirigés. Tant il est vrai que le corps seul ne suffit pas pour faire toutes nos actions.

Voici une personne qui parcourt la ville en lisant. Son corps se rend pour ainsi dire de lui-même, après en avoir reçu l'ordre, à l'endroit où elle a affaire. Pendant que le corps marche, l'esprit ne le dirige pas et poursuit sa lecture. Le corps traverse des rues qui lui sont familières et suit un trajet qu'il a cent fois suivi. L'intelligence, qui l'a plusieurs fois dirigé, semble maintenant l'abandonner à lui-même, la répétition de la même action lui en a fait prendre l'habitude.

La tricoteuse remue ses doigts agiles qui entassent mailles sur mailles, tout en causant de choses diverses. — Par suite de l'extrême division du travail, l'ouvrier en arrive à travailler, comme on dit, machinalement : ses mains agissent, son esprit rêve.

Ainsi, par la répétition, nous pouvons transformer des actes originairement intelligents en actes instinctifs, au moins en apparence. Dès lors rien que de très naturel à supposer que les manifestations de l'instinct ont été à l'origine des actes raisonnés. C'était l'opinion de Condillac, et Darwin l'a reprise dans ces derniers temps. Examinons les choses de près : tandis que nous agissons en apparence sans discernement, notre esprit est-il complètement distrait? Il est facile de voir qu'il n'en est rien ; nous veillons sur nos actes d'un œil distrait, mais nous veillons. De temps à autre, le feu attire l'attention de la personne qui l'attise inconsciemment ; pendant qu'il parcourt les rues, notre lecteur n'est pas absolument étranger à ce qui l'entoure ; hommes et choses flottent comme des ombres dans son esprit et dans ses yeux ; la tricoteuse s'arrête de temps à autre, considère son ouvrage, observe si elle n'a pas commis d'erreur, s'il est temps d'apporter quelque modification ; l'ouvrier examine l'objet dont il s'occupe, le tourne, le retourne pour voir s'il est achevé. L'intelligence n'est jamais complètement absente : à la première hésitation elle est là, prête à signaler les erreurs et à provoquer les corrections. Si parfois elle s'échappe tout à fait et ne surveille pas le corps, c'est alors précisément que malgré l'habitude, le corps se trompe, tandis que l'instinct ne commet pas d'erreur.

En admettant même que certains instincts pussent avoir pour origine une habitude invétérée, on ne saurait attribuer à la même cause les instincts dont dépend la vie de l'animal. — L'animal aurait eu le temps de mourir avant d'avoir pris l'habitude qui lui est nécessaire pour vivre. — Est-ce par habitude aussi que l'abeille sécrète la cire, que l'araignée et la chenille sécrètent leurs fils? S'imagine-t-on que l'abeille perce-bois, l'abeille maçonne, les araignées acquièrent les instincts dont nous avons parlé par la répétition d'un même acte? Conçoit-on la cause qui aurait pu faire exécuter cet acte au début et en rendre la répétition nécessaire?

Le ténia a-t-il pris l'habitude de changer de corps pour assurer son développement? L'abeille phytophage a-t-elle pris l'habitude de nourrir sa larve au moyen d'animaux, de sécréter du liquide anesthésique et de se douer d'un organe propre aux injections?

Dans les habitudes instinctives l'origine s'aperçoit clairement; on comprend qu'à une époque relativement ancienne il y ait eu un but entrevu, le désir et la volonté de l'atteindre, la nécessité de la répétition et enfin la naissance et la perfection de l'habitude.

Pourquoi tous les animaux ne possèdent-ils pas des instincts? Ne sont-ils pas également aptes à acquérir des habitudes?—La vie de l'animal est généralement sans accident, uniforme; ses habitudes, s'il s'en crée, doivent donc être simples et peu nombreuses; or, précisément, les instincts sont bizarres, complexes, étranges; ils présentent toutes les apparences du caprice; ils sont répartis arbitrairement parmi les animaux. Comment les relier à des habitudes originairement simples?

Les organes seraient-ils la conséquence des instincts; l'instinct provoquerait-il l'apparition de l'organe? Où trouver alors l'origine de l'instinct? — Au contraire les instincts dérivent-ils des organes? alors qu'est-ce qui a déterminé l'apparition de ces derniers?— La seule hypothèse possible est l'apparition simultanée des uns et des autres. Reste à expliquer comment des organes si divers peuvent servir le même instinct, ainsi qu'on le voit pour tous les animaux constructeurs : mammifères, oiseaux ou insectes.

Le groupement en société a-t-il été provoqué par

le besoin de concentrer les efforts pour atteindre un but déterminé? Pourquoi certains animaux seulement font-ils des sociétés permanentes et précisément lorsqu'ils n'y sont nullement astreints. Les fourmis auraient pu vivre sans construire de fourmilières, sans se réunir pour accomplir leurs travaux en commun : pourquoi n'ont-elles pas vécu solitaires comme tant d'autres animaux, ou pourquoi la circonstance qui a provoqué la vie sociale chez elles ne s'est-elle pas produite pour d'autres animaux? A la rigueur, l'association des abeilles peut être regardée comme la conséquence de la production de la cire et de la nécessité d'utiliser cette cire pour la construction des alvéoles ; mais la cire, en quoi était-elle plus nécessaire à l'abeille qu'à tout autre animal? — La production de la cire fait partie de l'organisme de l'abeille, c'est une sécrétion qui exige comme tout autre la présence de glandes qu'aucune habitude ne saurait créer.

Enfin, tandis que l'instinct vrai reste invariable, l'instinct dérivé de l'habitude se modifie et parfois disparaît. Qu'un homme cesse d'exécuter sa besogne habituelle, et au bout d'un certain temps cette mémoire des organes qu'il avait acquise aura disparu : *il en aura perdu l'habitude*, comme on a coutume de dire. Ce même homme pourra acquérir autant d'habitudes instinctives qu'il le voudra : dans chaque travail, à la suite d'une longue pratique, il deviendra habile, non sans peine, il est vrai ; mais une fois possesseur de cette habileté acquise par l'habitude, il continuera à être habile sans nouvelle dépense d'intelligence, d'attention, de réflexion, en un mot sans effort nouveau.

En résumé, l'instinct dérivé de l'habitude, l'*instinct acquis*, ressemble à l'instinct proprement dit, ou *instinct inné;* seulement le premier est modifiable et général, comme l'intelligence, qui en est le point de départ, l'autre est invariable et particulier, comme une propriété. — De diverses habitudes naîtront des instincts acquis divers, au contraire l'instinct inné est unique. — Quand nous avons acquis un instinct, notre intelligence redevenue libre est entière et s'applique à d'autres objets, tandis que nous cherchons vainement l'intelligence des animaux qui n'ont que de l'instinct, et surtout des instincts parfaits, si parfaits et si machinaux, que l'intelligence n'a pas à les gouverner, à les diriger ! — Dans l'instinct acquis l'intelligence n'est jamais complètement absente ; c'est le contraire dans l'instinct inné : ce dernier est fatal, l'autre est conditionnel. — L'instinct inné est souvent lié à l'organisation de l'animal, il en est une conséquence ou une dépendance ; l'instinct ac-

8.

quis suppose la domination des organes par l'intelligence. —Enfin, la vie de l'animal est subordonnée à la satisfaction de son instinct inné, tandis que nous perdons impunément un instinct acquis et pouvons en acquérir un autre.

Darwin reprend en partie l'hypothèse, avec cette différence que ce n'est pas de la répétition d'un acte déjà parfait qu'il fait naître l'instinct, mais d'un germe d'instinct créé par les circonstances et qui s'est progressivement développé à travers les générations jusqu'au point de devenir l'instinct parfait.

Comment s'expliquer le point de départ de l'instinct du fourmi-lion, du sphex, de l'ophion, etc.? Quel concours de circonstances supposera-t-on, quels besoins pour faire naître l'instinct? Car c'est le germe de l'instinct et non son développement qui est le point capital et dont il faut trouver l'explication. L'habitude, c'est-à-dire la conséquence de la répétition de l'acte, ne viendra qu'après. On ne peut répéter que ce qu'on a déjà fait.

Cherchant à expliquer l'instinct guerroyeur ou esclavagiste des fourmis rouges (Polyergues), Darwin suppose que par accident des nymphes qui devaient servir de nourriture aux fourmis rouges se sont transformées en fourmis et ont rempli naturellement le rôle d'esclaves. Puis le bien-être et l'utilité auraient conservé et amélioré ce que le hasard avait fait naître : « Une fois l'instinct acquis, dit-il, si faible qu'il pût être d'abord, » la sélection fait le reste. Si l'instinct est acquis, le plus difficile est fait; la création de ce rudiment d'instinct, tel est le point délicat. Or, on ne voit nulle part dans une même espèce des germes d'instinct, ce sont toujours des instincts parfaits. Toutes les fourmis rouges agissent de la même manière; il n'y a pas de différences : on n'en voit pas qui ont des commencements d'instinct, ou des instincts à demi développés, ou des instincts parfaits; on ne connaît pas d'instinct en voie de formation. Or, il est bon d'observer que l'existence des fourmis rouges ne serait nullement compromise lors même qu'elles ne deviendraient guerrières et ne posséderaient des esclaves que par accident. Enfin, pourquoi possèdent-elles seules l'instinct guerrier ou esclavagiste? Pourquoi ce qui leur est avantageux le serait-il moins à d'autres? Pourquoi ne voit-on pas des fourmis rouges esclaves chez les noires?

Darwin semble plus heureux avec les abeilles, chez lesquelles il trouve une gradation, tant en ce qui concerne l'instinct qu'en ce qui touche aux organes, de la grossière cellule des bourdons à la cellule parfaite de l'abeille domestique, en passant par celle de la Mélipone. Or, la Mélipone est intermédiaire elle-même, au point de vue de l'organisation, entre le bourdon et l'abeille.

La forme des cellules résulterait de leur juxtaposition : la cellule isolée et grossière serait globuleuse ; par le fait du rapprochement, du groupement des cellules, de leur pénétration mutuelle, la forme de celles-ci se modifierait progressivement jusqu'au point de donner naissance à la cellule parfaite, régulière et géométrique de l'abeille. Par cette forme l'abeille obtient, on le sait, le maximum d'espace avec le minimum de cire. Ce curieux problème n'aurait pas été résolu par l'abeille *à priori*, la solution serait un résultat accidentel de la juxtaposition des cellules. Le hasard aurait fait les choses, et, comme on voit, les aurait bien faites. Le hasard est ce mot commode par lequel on représente les causes inconnues.

On reconnaît bien là l'esprit ingénieux et l'argumentation séduisante de Darwin. Il ne reste pas moins à rendre raison du point de départ : pourquoi l'abeille sécrète-t-elle de la cire ? — Est-ce aussi graduellement que les lames de cire se forment ? Où est l'origine de cette formation dont l'instinct des abeilles est pour ainsi dire la conséquence. Otez la cire, vous compromettez tout. Or, la cire n'est pas un produit fabriqué par l'abeille et qu'elle crée et modifie à son gré ; la cire est une production naturelle et fatale. Fatale aussi est la construction de la ruche.

Ces préliminaires établis, Darwin conclut que si les instincts de la Mélipone étaient susceptibles de quelques légères modifications, elle arriverait peu à peu à construire des cellules semblables à celles des abeilles; mais d'abord, il y a un *si* qui n'appartient ni à l'expérience ni à l'observation, et ensuite il reste à expliquer la production de la cire.

Darwin ne voit rien d'impossible à ce que les abeilles, travaillant en commun, modifient, perfectionnent leur travail individuel, par suite des obstacles qu'elles rencontrent ou du but qu'elles se proposent.

Si la sélection a amené l'amélioration progressive de la cellule, pourquoi reste-t-il des abeilles à instincts imparfaits, comme les Mélipones, qui ne seraient elles-mêmes que des abeilles imparfaites? Car, par le fait de la sélection, tout ce qui est intermédiaire doit disparaître. Lorsqu'il s'agit d'expliquer l'absence des types de transition parmi les fossiles, on invoque précisément leur caractère transitoire : comment justifier ici l'existence de types de transition persistants?

Si le résultat de la sélection est l'économie de ¦matière et d'efforts, ne semble-t-il pas tout naturel que l'économie soit complète, c'est-à-dire que l'abeille ne produise ni cire ni miel? Après tout, où est la néces-

sité de cette sécrétion et de cette production dont
sont exempts un si grand nombre d'insectes?

Malgré tous ses efforts, son talent, son savoir et
son esprit, Darwin n'expliquerait tout au plus que
les modifications insensibles qui pourraient se produire chez une même espèce. Quant aux questions
d'origine, elles lui échappent. D'ailleurs, malgré
son habileté, il ne dissimule pas assez sa tactique,
qui consiste d'abord à avancer timidement une hypothèse : *si*, dit-il,… et il semble excuser sa har-
diesse en émettant des doutes, en manifestant des
craintes; il se ravise alors et devient plus audacieux,
comme s'il voyait son lecteur prêt à lui échapper : il
expose des faits, il les accumule, il les coordonne
avec une certaine logique, il découvre habilement et
met en évidence ce qu'il y a dans ces faits de favorable à sa théorie. Le voilà devenu pressant; il s'impose, il ne doute plus, il ne croit pas qu'on puisse
présenter des objections, il inspire de la confiance,
il séduit. C'est un enchanteur. Ainsi s'expliquent les
adeptes passionnés qui, comme il arrive toujours,
exagèrent la pensée du maître.

Veut-il expliquer pourquoi le coucou pond ses œufs
dans les nids des autres oiseaux, Darwin fait observer

que la femelle ne pond pas quotidiennement, et, sans paraître s'apercevoir qu'il faudrait d'abord rendre raison de cette disposition, il poursuit en disant que dans un même nid se trouveraient des œufs et des petits de divers âges, et qu'ainsi les coucous seraient trop longtemps retenus au nid pour couver les œufs ou réchauffer et nourrir les petits. Le coucou sait donc d'avance, lorsqu'il pond son premier œuf dans un nid étranger, qu'il pondra les œufs à des intervalles de temps plus ou moins éloignés, et il sait cela avant d'avoir pondu ; il sait aussi que l'oiseau dont il est le parasite donnera à ses petits la nourriture qui leur convient ! C'est toujours par hasard que la chose se fait une première fois, — quel hasard ingénieux et subtil ! — Puis le coucou s'en est bien trouvé. — Vraiment ! — *Si* l'oiseau adulte a tiré quelque avantage, continue Darwin...., *si* les oisillons abandonnés sont devenus plus vigoureux... ; mais ce ne serait plus de l'instinct, ce serait une vive et profonde intelligence en même temps qu'une infernale habileté qui porterait le coucou à agir comme il le fait. Le coucou se désintéresserait complètement des soins de la maternité et de la paternité ; il tromperait l'instinct des autres oiseaux en glissant adroitement ses œufs dans leurs nids, et leur donnerait à couver ses œufs et à élever ses petits, parce qu'il aurait été gêné par la présence dans son nid à lui d'œufs et d'oisillons de divers âges ! Et celui dans le nid duquel est venu pondre le coucou n'est-il donc pas gêné par des œufs étrangers qu'on ajoute aux siens? Le coucou paraît, comme on dit familièrement, en prendre à son aise. On ne voit pas que cet instinct soit plus aisé à expliquer que celui du fourmi-lion, dont Darwin ne parle pas.

### MOUVEMENTS INSTINCTIFS

Éternuement. — Toux. — Vomissements. — Rire. — Clignement des yeux. — Accommodation de l'œil. — Chair de poule.

Afin de ne rien omettre de ce qui touche à l'instinct, il convient de parler des *mouvements instinctifs;* par certains côtés ils ressemblent aux instincts et par d'autres ils en diffèrent. Or, ces ressemblances et ces divergences sont de nature à nous éclairer sur la question qui nous occupe. Ces mouvements nous sont presque tous très familiers; c'est l'éternuement, la toux, le rire, la peur, etc.

Prenez une prise de tabac, et aussitôt vous éternuez. Les conduits du nez (*fosses nasales*) ont été en partie obstrués, la muqueuse irritée. Les muscles expirateurs ont fait leur office: que nous le voulions ou non, ils ont chassé vivement l'air ou les gaz intérieurs principalement par le nez, afin de dégager les conduits et de rejeter le corps irritant. L'éternuement a également lieu lorsqu'on est *enrhumé du cerveau,* selon l'expression usitée. Dans ce cas, la muqueuse nasale est gonflée et obstrue le passage.

Il nous est bien des fois arrivé de parler ou de rire en mangeant, de boire avec précipitation et d'introduire quelques gouttelettes d'eau, des miettes de pain ou des parcelles d'aliments dans la partie supérieure de la trachée. Une toux brusque, violente, saccadée, spasmodique en un mot, contribue avec les mouvements expirateurs à chasser l'air au dehors et, avec l'air, les corps étrangers accidentellement introduits. La volonté n'y peut rien ; le corps seul agit, c'est son affaire, et il n'a que faire de réflexion et de jugement.

Il n'en est pas autrement des vomissements qui suivent l'ingestion d'un poison ou qui sont la conséquence d'une indigestion. Lors même que la personne ignore ce qu'elle a mangé ou absorbé, le phénomène se produit ; l'estomac, violemment contracté par les muscles qui l'enveloppent, rejette les substances qui l'irritent ou qu'il est impuissant à digérer. Ce qui n'empêche pas d'ailleurs que des nausées puissent être provoquées par une impression purement morale. C'est toujours un acte corporel, involontaire, fatal, mécanique, instinctif.

Vient-on à toucher par mégarde un corps très froid ou très chaud, on retire vivement la main avant toute réflexion ; une lumière vive nous blesse-t-elle, nous fermons subitement les yeux. — Le chatouillement détermine des mouvements subits, involontaires, spasmodiques, des accès de rire violents et saccadés. — Fait-on un geste brusque près du visage d'une personne, elle cligne des yeux involontairement.

C'est le corps, le corps seul qui agit dans ces diverses circonstances. Semblable à un ressort, il se détend soudainement, soit pour rejeter un corps étranger, soit pour éloigner le corps dont le contact est douloureux.

La peur, la fuite ou la stupeur qu'elle entraîne, se produisent lors même qu'aucun danger réel n'est pas à redouter ; un péril imaginaire suffit pour provoquer les mouvements défensifs : c'est l'esprit qui a peur et c'est le corps qui fuit. Le corps reçoit le contre-coup, comme cela se voit par les singuliers effets de la peur sur les entrailles. La cause est morale, l'effet est physique.

Trop de lumière nous éblouit et nous force à fermer les yeux ; le contact de la lumière est, en cette occasion, analogue à celui d'un corps irritant. Une lumière trop faible provoque des mouvements bien autrement surprenants : sans que nous en ayons conscience, notre pupille se dilate pour nous permettre de recueillir un plus grand nombre de rayons lumineux, afin de compenser par le nombre la faiblesse des rayons.

Si nous regardons successivement des objets situés à des distances différentes, notre œil s'adapte à ces distances : des mouvements fort délicats et très précis des diverses parties de l'œil s'opèrent soudain, de manière que l'accommodation varie avec la grandeur, la distance, l'éclairement des objets. L'œil agit comme une lunette qui s'allongerait ou se raccourcirait d'elle-même afin de se mettre au point. Voilà certes des mouvements dans lesquels il est difficile de voir l'action de la volonté.

L'impression du froid, l'émotion qui résulte d'un certain récit, la vue d'une opération douloureuse produisent à la surface de notre corps la saillie des bulbes pileux. Notre chair ressemble alors à celle d'une poule plumée, d'où le nom consacré de *chair de poule*. Encore un mouvement instinctif.

Nous pourrions multiplier ces exemples de mouvements instinctifs, mais c'en est assez pour conclure. Leur brusque manifestation suffirait pour écarter tout concours de la volonté et de la réflexion, ils sont purement mécaniques et accomplis dans un but non prévu ; par là ils se rapprochent des instincts. Ils s'en éloignent par d'autres caractères. Ainsi ils ne sont pas particuliers à une espèce et ne se manifestent qu'autant qu'ils sont utiles. Le corps réagit contre toute cause perturbatrice, il se défend, il se protège lui-même; ses mouvements sont si bien involontaires, que nous pouvons faire intervenir la volonté pour les combattre. Nous parvenons même à les maîtriser, comme il arrive quand nous domptons la peur par la raison, quand nous luttons contre l'éternuement et la toux. L'intelligence, la réflexion, la volonté ne se voient point dans ces actes; nous interviendrions trop tard, lorsque le mal serait déjà fait, si le corps ne pouvait se protéger lui-même. Il est vrai que si la peur le terrifie et l'immobilise devant le danger, le corps se trouve sans défense; encore en ce cas, nous voyons la preuve que le corps est seul à agir.

Ce qui importe, c'est de voir qu'il existe des mouvements involontaires chez les êtres animés comme chez les êtres inanimés; c'est que nous pouvons diriger certains de nos mouvements et nous laisser diriger par d'autres; que ces divers mouvements volontaires et involontaires peuvent se produire même simultanément et que dès lors *les manifestations de l'intelligence et de l'instinct se superposent sans s'altérer et sans se contrarier mutuellement;* ainsi les ondes sonores s'entre-croisent sans se troubler mutuellement, notre oreille les reçoit et nous entendons en même temps des sons d'origines différentes.

## LES APTITUDES

**Aptitudes.** — Localisations cérébrales. —Dispositions organiques.
Défaut de pondération.

Restent les aptitudes. Elles se rapprochent, par quelques points, des manifestations instinctives. On nomme aptitudes les dispositions naturelles à acquérir certains talents. Tel animal a une aptitude pour la chasse, le chien; tel autre pour l'imitation, le singe; chez l'homme on rencontre des aptitudes pour les sciences et même plus particulièrement pour certaines sciences, ou bien pour les arts, pour les combinaisons qui constituent les divers jeux, etc.

Tous les hommes peuvent cultiver avec plus ou moins de succès le fonds des connaissances humaines, mais certains hommes se distinguent par une puissance d'assimilation plus rapide, plus forte, et qui leur coûte moins d'efforts. Ainsi, malgré un enseignement commun, certains écoliers montrent un goût particulier pour les diverses branches des connaissances et y obtiennent plus de succès que les autres. N'avons-nous pas des goûts divers desquels la sagesse des nations nous invite sagement à ne pas disputer?

Nous possédons au même titre des aptitudes, des goûts, des répugnances qu'on a fort justement qualifiées *instinctives*. C'est affaire d'organisation. Le cerveau ou, plus exactement, le système nerveux, est la cause de tout le bien et de tout le mal. Qu'on ne se hâte pas de conclure au fatalisme des aptitudes, des goûts, des répugnances, et par suite à l'irresponsabilité des actions. Les aptitudes ne sont pas des instincts ; elles n'en ont pas le caractère fatal, dominateur, indépendant de l'individu qui les possède. Aucun animal n'est responsable des actes instinctifs, puisqu'ils ne sont pas volontaires. Il n'en est pas de même des effets d'une aptitude. L'aptitude diffère de l'instinct en ce qu'elle est seulement en puissance chez l'individu, et non en acte : c'est un germe qui peut être développé et devenir talent, mais qui, négligé, s'atrophie.

Le concours de l'intelligence est donc nécessaire pour assurer le développement de l'aptitude. Entre l'homme qui possède une aptitude et un autre homme, il n'y a qu'une différence de degré dans l'aptitude. L'éducation développe chez tous les hommes, dans une certaine mesure, les qualités qu'ils ont en germe ; tout effort est récompensé par un résultat, seulement le résultat est différent. La satisfaction, le mérite sont d'ailleurs proportionnés à l'effort et non au résultat.

Tout en disant qu'il faut rechercher la cause des aptitudes dans le système nerveux, nous avons fait nos réserves. Il y a dans tout cerveau l'outillage général de l'âme, si l'on peut parler ainsi, grâce auquel nous pouvons développer l'ensemble de nos facultés ;

les différences qu'on remarque dans les aptitudes paraissent dépendre, pour une part au moins — car il faut tenir compte des moyens de développement, — des différences qui doivent exister entre les parties du cerveau qui en sont le siège. Il y a un outillage commun à tous les hommes, — le système nerveux, et des outils plus ou moins bons, — les diverses parties du système prises séparément.

On avait déjà reconnu que certaines portions de la masse nerveuse sont préposées à des fonctions spéciales (Flourens). Le cerveau proprement dit est le lieu où se manifeste l'intelligence, — le cervelet est le siège de la coordination des mouvements : l'animal privé de cet organe, l'homme chez qui cet organe est malade, marchent comme un homme ivre ; leurs mouvements manquent de régularité, de précision, d'ensemble. — La moelle allongée gouverne certains mouvements organiques, etc.

Ce premier partage des attributions nerveuses, cette première division du travail, a été étendue par les travaux récents des physiologistes. L'écorce du cerveau, dont on considérait toutes les parties comme identiques et propres aux mêmes fonctions, serait, au contraire, composée d'éléments qui remplissent chacun des fonctions particulières. De plus en plus, par suite des expériences et des observations, on serait conduit à localiser les fonctions. Une nouvelle phrénologie reposant sur des bases sérieuses, — l'expérience et l'observation — attribuerait aux divers points du cerveau des fonctions spéciales. La faculté du langage articulé, par exemple, aurait son siège dans une région cérébrale déterminée (partie postérieure de la troisième circonvolution frontale). On a pu s'assurer que les personnes qui sont dans l'impossibilité de parler ou d'articuler certaines paroles ont cette partie du cerveau malade.

Ces localisations n'empêchent nullement l'unité de l'organe et la centralisation des phénomènes dont il est le lieu, pas plus que, pour nous servir d'une comparaison familière, les divers bureaux dont une administration se compose, excluent l'idée d'une direction. Il est bon, d'ailleurs, de remarquer que, jusqu'à présent, il est seulement question des localisations, de certains *mouvements*, et non du lieu où se produisent les diverses *facultés* de l'entendement.

Les aptitudes plus ou moins marquées pourraient donc tenir à l'état de certaines régions cérébrales où ces aptitudes auraient leur siège. Aux aptitudes à certains talents répondraient certaines dispositions organiques. Elles varient d'ailleurs avec les individus d'une même espèce : ainsi, quelques chiens sont particulièrement propres à la garde des troupeaux, le chien de berger; tandis que d'autres sont naturellement sauveteurs, le chien de Terre-Neuve. Parmi les sauveteurs, les uns paraissent naturellement destinés à exercer leur aptitude dans un milieu déterminé : par exemple, le chien du mont Saint-Bernard a une habi-

leté bien connue pour trouver les personnes ense-
velies dans la neige, et le chien de Terre-Neuve,
nageur intrépide, sauve celui qui est en danger de se
noyer.

Tous les chiens sont plus ou moins propres à
*garder* ou à *sauver;* c'est par ce caractère général
que l'aptitude se sépare de l'instinct. Ce qui n'est pas
moins caractéristique, c'est la liberté de donner ou
non carrière à une aptitude, de la développer ou de
la négliger sans qu'il en résulte aucun trouble dans
la vie. Pour n'avoir pas de fréquentes occasions
d'exercer son talent de sauveteur, le chien de Terre-
Neuve n'en continue pas moins à vivre normalement.
Il est arrivé à tel de ces chiens de vouloir sauver une
personne qui nage et ne court aucun danger, et l'on a
voulu en conclure que l'animal obéissait à un instinct;
il faudrait plutôt voir dans ce fait une intelligence
qui s'égare qu'un instinct qui agit.

Les aptitudes du chien peuvent s'expliquer par le
développement considérable de l'organe de l'odorat.

L'organe de la vue est très développé chez les oiseaux, celui de l'ouïe chez certains insectes, et, en
général, les animaux ont un de leurs sens bien plus
affiné et développé que le sens correspondant de
l'homme. Au moindre bruit qui n'est pas perceptible
pour nous, le grillon se tait; l'oiseau perdu dans la
nue distingue un insecte qui court sur la terre.
L'organe de l'ouïe chez le grillon, celui de la vue chez

l'oiseau, sont des organes dominateurs; ces animaux s'en servent comme d'un sens composé qui leur rend des services multiples et fréquents. Il ne nous paraît pas problable qu'il y ait là une simple différence de quantité entre ces sens et les nôtres. Comparés à l'homme, quelques animaux ont une supériorité de détail dans les organes des sens et une infériorité d'ensemble dans le résultat.

Il semble que l'aptitude soit, chez l'homme, le résultat d'une rupture d'équilibre; que ce qu'il gagne sur un point il le perde sur un autre. Plus l'aptitude est marquée, plus le défaut d'équilibre, l'absence de pondération se manifeste. On le voit nettement lorsqu'un sens vient à manquer : les autres deviennent alors d'une finesse exceptionnelle. Un homme est-il privé de la vue, aussitôt son toucher acquiert une sensibilité exquise : sa main glisse adroitement sur les objets, dont elle sent la forme, les contours, le poids, les aspérités; on peut le dire sans métaphore, il a les yeux au bout des doigts. — L'ouïe fait-elle défaut, c'est le regard qui devient plus perçant, plus incisif, plus subtil : les sourds-muets nous le montrent avec la dernière évidence.

Toutes ces aptitudes si curieuses sont développées par les soins de l'homme; sans lui elles restent sté-riles; elles sont d'ailleurs créées à son profit. Le chien de chasse, le chien de garde, les chiens sauveteurs, le faucon dressé, la loutre et le furet chasseurs sont des produits de l'intelligence ou de l'industrie humaine au même titre que le bœuf Durham, le cheval de course, le chasselas de Fontainebleau et la rose. L'homme a développé à son profit les aptitudes dont l'animal tire à peine parti lorsqu'il est isolé.

L'aptitude est *innée, héréditaire, propre à une espèce;* par là elle se rapproche de l'instinct, mais elle n'est ni *fatale* ni *nécessaire* comme l'instinct, — l'animal vit, et vit normalement, sans avoir besoin de donner satisfaction à l'aptitude, comme tel homme qui n'a jamais eu un crayon dans la main aurait pu faire un artiste habile; — l'aptitude n'est pas non plus *invariable*, puisqu'elle est susceptible de développement, d'éducation, et qu'elle exige, si c'est une aptitude morale, une certaine intelligence chez l'animal. Par là encore elle se distingue de l'instinct.

# L'INTELLIGENCE

## I

Les oiseaux chasseurs et chanteurs. — Expériences de Franklin
sur les fourmis et de Dujardin sur les abeilles.

Jusqu'à présent nous avons choisi à dessein, parmi les actes accomplis par les animaux, ceux qui dépendent de l'instinct; nous sommes ainsi parvenu à donner les caractères des manifestations instinctives et à établir : 1° les différences entre l'instinct inné et l'instinct acquis; — 2° entre ces deux instincts, les mouvements instinctifs et les aptitudes. Il nous reste à faire le même travail d'analyse sur les actes qu'on peut attribuer à l'intelligence, et à voir : 1° en quoi ils diffèrent des actes instinctifs; — 2° ce qui distingue l'intelligence des bêtes de la nôtre.

Déjà on a pu voir l'intervention de l'intelligence dans certaines actions des animaux, actions qui ne sont ni nécessaires, ni fatales, ni parfaites, comme les manifestations instinctives, mais qui au contraire se produisent accidentellement, lorsque l'animal se trouve en présence d'obstacles imprévus, de circonstances fortuites, d'événements inattendus qui exigent de sa part de la réflexion, du discernement, du jugement, avant de prendre une détermination et de montrer une volonté. Ce sont les manifestations de cette nature que nous allons maintenant passer en revue, comme nous l'avons fait pour les actes instinctifs, et dans le même but. Nous allons donc les analyser pour trouver les caractères qui leur sont propres, au fur et à mesure que les faits examinés mettront ces caractères en évidence.

Les oiseaux sont fort peu intelligents, pour ne pas dire davantage; pourtant certains faits, s'ils étaient bien établis, dénoteraient chez eux quelque intelligence. Dupont, de Nemours, raconte qu'un jour une hirondelle, en volant, eut une patte prise à un fil fixé à une gouttière du palais de l'Institut, et resta ainsi suspendue en l'air. Elle poussa des cris qui attirèrent toutes les hirondelles des environs, et l'on aurait vu alors celles-ci, sans doute après une délibération de quelques instants, reprendre leur vol tourbillonnant, et à chaque tour donner un coup de bec au fil jusqu'à ce qu'il fût rompu et l'hirondelle délivrée. Un tel fait supposerait évidemment un examen, une décision, une entente, c'est-à-dire une série d'actes intelligents.

L'éducation que peut recevoir le faucon, l'exploitation de l'aptitude chasseresse de cet oiseau, dénote chez lui une certaine intelligence. On ne peut en effet se rendre compte de notre influence éducatrice sur les animaux que par l'action de notre intelligence sur la leur. L'éducation ne peut résulter que de l'action mutuelle de deux intelligences.

Si l'on parvient à faire reproduire des airs musicaux au merle ou au serin, si l'on arrive à faire prononcer des mots au perroquet, c'est à la suite d'une sorte d'enseignement qui exige une certaine attention de la part de ces oiseaux. Ce qui le prouve, c'est qu'on leur donne la leçon dans un endroit obscur, afin qu'ils ne soient pas distraits, que rien ne détourne leur attention du point sur lequel on veut la fixer.

On va même jusqu'à crever les yeux au bouvreuil pour développer chez cet oiseau ses aptitudes de chanteur. Encore si une pareille cruauté était justifiée par des raisons d'utilité publique, comme les vivisections ! Voilà des actes que doivent stigmatiser les amis des bêtes. Guerre aux cruautés inutiles ! Ceux qui s'émeuvent des douloureuses expériences qu'on fait sur les animaux afin d'épargner quelques douleurs aux hommes, se sont-ils jamais attendris sur le sort pénible et les souffrances des oies dont ils savourent les foies !

Chez un certain nombre d'insectes et chez les arachnides, les manifestations de l'intelligence sont évidentes dans bien des cas. Tantôt il s'agit de faits d'observation, tantôt de faits d'expérience. Il est visible que, dans certains cas les fourmis agissent avec discernement : par exemple lorsqu'elles ont à transporter à la fourmilière des matériaux de construction, tels que fragments de bois, fétus de paille, débris d'insectes dont l'appropriation n'est pas immédiate.

Dès qu'après quelques essais demeurés infructueux une fourmi reconnaît qu'elle est impuissante à transporter seule le fardeau, elle va chercher une aide; elle se met en communication avec une autre fourmi au moyen des antennes; par le jeu rapide de ces organes qui centralisent les organes des sens, les deux insectes ont bientôt échangé ce qu'on peut nommer leurs idées : point de discours, pas de temps perdu, en moins d'une seconde tout est convenu.

On se met à l'œuvre. Si à deux elles ne suffisent pas, elles vont en chercher une troisième ; souvent celle-ci ajoute ses efforts à ceux de ses compagnes, et n'attend pas qu'on réclame d'elle ce service, qui après tout est un service public. Je ne répondrai pas que dans certains cas on n'ait pas vu une fourmi diriger les travaux lorsqu'ils en valaient la peine, et jouer ainsi le rôle d'ingénieur.

Il arrive quelquefois qu'un corps trop volumineux ne peut pénétrer par la porte de la fourmilière. On voit alors les fourmis pratiquer des entailles des deux côtés de la porte, démolir une partie des murs de erre, agrandir l'ouverture, puis essayer de faire pénétrer l'objet ; si elles reconnaissent l'insuffisance de l'ouverture, elles recommencent le travail de démolition. Le but atteint, elles reconstruisent les côtés de la porte et rétablissent les choses comme devant.

Une expérience de Franklin vient s'ajouter aux faits qui précèdent. Franklin mit un jour dans un pot de confiture une fourmi enlevée à une fourmilière éloignée de la maison de campagne qu'il habitait, puis le pot fut suspendu au plafond par une ficelle. La fourmi eut de la peine à sortir de la confiture. Elle y parvint pourtant avec patience et longueur de temps ; on la vit se lécher, se nettoyer, se débarrasser du visqueux liquide, puis elle monta au fil comme à un mât de cocagne et disparut.

Quel ne fut pas l'étonnement, non de Franklin, mais des gens de la maison, lorsque, peu de temps après, on vit une longue ligne noire animée, grouillante, qui, partant du point où le fil touchait au plafond, traversait le plafond, gagnait un mur, descendait le long du mur et conduisait l'observateur patient, de proche en proche, jusqu'à la fourmilière. Le fil était couvert de fourmis qui montaient et descendaient comme les anges sur l'échelle mystérieuse de Jacob et qui paraissaient très affairées.

Ce qui s'était passé, on le devine : la fourmi soumise à l'expérience était retournée à la fourmilière. Là, dans son langage, ou plutôt avec ses moyens de communication, qui n'ont rien de commun avec le langage humain, elle avait fait part à ses compagnes de l'existence d'un magasin de vivres. Aussitôt de se mettre en campagne pour aller faire la moisson inespérée.

Une expérience analogue à été faite sur les abeilles et avec le même succès par M. Dujardin. Ce savant ayant saisi une abeille appartenant à une ruche éloignée de sa demeure, lui rend la liberté dans une chambre fermée où il avait mis préalablement un peu d'eau sucrée dans un verre. L'abeille une fois libre vole de tous côtés, se heurtant aux glaces et aux carreaux de vitre, jusqu'au moment où lasse, elle s'abat sur la table où se trouvait la liqueur sucrée. Elle en approche, elle y goûte, elle y revient complaisamment. Dujardin ouvre alors la fenêtre, et l'abeille de s'envoler à tire d'ailes. Bientôt après, la chambre était remplie d'abeilles qui venaient toutes s'abreuver, et retournaient ensuite à la ruche. N'est-il pas évident que ces abeilles avaient été prévenues par la première qui, après leur avoir fait part de sa précieuse trouvaille, les avaient guidées à travers l'espace jusqu'à l'endroit d'où elle sortait.

Voici d'autres exemples, *tant la chose en preuves abonde*, qui mettent en lumière l'intelligence des abeilles. Leur miel n'est pas seulement recherché des hommes, mais d'animaux très divers, par exemple des ours et de certains insectes. Ces laborieuses et ingénieuses petites bêtes ont à défendre leurs provisions contre les rapaces gourmands. Huber raconte qu'à plusieurs reprises, en 1804 et en 1806, il fut témoin d'un fait curieux et qui lui montra l'intelligente habileté des abeilles : le pays fut envahi à cette époque par de véritables légions d'une sorte de papillon, le *sphinx tête de mort*, très friand de miel, et dévastant les ruches dans lesquelles il parvient à pénétrer. Il fallait se défendre contre les pillards. Or, les sphinx sont notablement plus gros que les abeilles. Il suffisait donc de rétrécir les portes de la ruche, c'est ce qu'elles firent. De cette manière les sphinx ne pouvaient plus pénétrer, mais les abeilles continuaient à entrer et à sortir tout en se gênant un peu. Lorsque les sphinx eurent disparu, l'ouverture fut rétablie dans ses dimensions primitives et les abeilles circulèrent à leur aise. Quand les sphinx revinrent en 1806, les abeilles recommencèrent le même manège. Elles montrèrent donc de la réflexion, du jugement et de la volonté.

Flourens dit à propos de l'araignée qu'elle obéit à son instinct quand elle fait sa toile entière du premier jet, avec autant de régularité que de facilité, mais que si, par accident, la toile est déchirée, et qu'elle la répare, qu'elle la rapièce, alors elle agit avec son intelligence. Dans ce dernier cas, rien n'a été prévu et l'animal doit fermer l'ouverture, reconstruire la toile, seulement au point déchiré.

Ce qui montre mieux l'intelligence de l'araignée, c'est l'éducation qu'elle pourrait, dit-on, recevoir, la sensibilité qu'elle éprouverait pour la musique; enfin, son adresse, sa ruse, son habileté à saisir les insectes dont elle se nourrit. L'araignée épie l'insecte qui vient se poser sur sa toile, comme le chat guette la souris; elle attend patiemment avec une attention soutenue le moment où la distance devenue assez petite, elle pourra s'élancer sur lui. Si elle se reconnaît impuissante à le saisir parce qu'il est très gros, elle jettera son fil en travers, un grand nombre de fois, et en tournant autour de l'insecte, elle l'emmaillottera pour ainsi dire, de manière à paralyser ses mouvements. Alors seulement elle se jettera sur lui pour le dévorer. Enfin, si l'insecte est par trop gros, et si, par ses soubresauts, il menace de détruire la toile, elle se hâte de briser elle-même les fils qui le retiennent et de lui rendre sa liberté. Ainsi l'araignée est capable d'attention, de discernement, de jugement, de réflexion, puisqu'elle se rend compte des distances à franchir, des obstacles à surmonter, des efforts à accomplir, des ruses à employer pour atteindre un but prévu, et qu'elle varie ses moyens d'attaque selon les cas. Ce sont là des signes évidents d'intelligence.

## II

Les rats. — Loups et renards. — L'éléphant. — Le cheval. Le chien. — Le singe.

Un petit nombre de mammifères sont doués d'une intelligence remarquable; nous avons de fréquentes occasions de les observer car ils vivent près de nous, et sont pour nous des aides précieux. Les services qu'ils nous rendent établissent entre ces animaux et nous des rapports qui nous mettent à même d'apprécier leur intelligence. On comprend qu'il s'agit du cheval, de l'éléphant, du chien et du singe. Néanmoins nous allons en examiner quelques autres beaucoup moins favorisés.

Les rongeurs sont loin de briller par leur intelligence, aussi avons-nous exprimé quelques doutes sur celle que l'on prête au castor. Il y a pourtant le fait suivant cité par M. Milne Ewards en l'honneur des rats : Afin de les empêcher de pénétrer dans une volière du jardin des plantes, on disposa sous le sol une couche épaisse de fragments de verre. Les rats n'aurait pas pu traverser cette couche sans se blesser grièvement. Aussi ne les vit-on plus pendant quelques mois. On croyait en être débarrassé lorsqu'ils reparurent aussi nombreux qu'auparavant. On démolit la volière, on creusa le sol, et l'on reconnut que les morceaux de verre avaient été enlevés et portés au loin. Les rats s'étaient frayés un passage avec beaucoup d'efforts et de circonspection, et ils étaient parvenus à leurs fins.

Parmi les ruminants, nous ne parlerons ni des bœufs ni des moutons, si ce n'est toutefois pour appeler l'attention sur ce qu'il y a de terne dans le regard de ces animaux ; rien n'éclaire cette face placide et douce du mouton ou ce museau bestial du bœuf; on remarque quelque chose de plus tendre

Le bœuf.

et de plus vif dans ce qu'on peut appeler la physionomie des chevreuils et des cerfs, principalement
des femelles. D'ailleurs parmi ces animaux les jeunes

Le mouton.

reçoivent des aînés une sorte d'éducation, ce qui est
une marque d'intelligence.

La girafe au long cou, surmonté d'une petite tête
avec ses membres inégaux, son corps oblique et sa
démarche gauche, se montre à nous avec un air niais
malgré ses grands yeux limpides, tant il est vrai que
ce n'est pas la grandeur mais l'expression des yeux
qui en fait la beauté et le charme.

*****

Tous les traits du visage ou du museau concou-

La girafe.

rent à des degrés divers à l'expression qu'on nomme la physionomie mais les yeux y contribuent pour la plus large part, surtout chez les animaux. Il suffit de voir la même face humaine ou animale avec les yeux ouverts puis avec les yeux fermés pour être frappé de ce rayonnement du regard sur le visage entier. On dirait un espace obscur où l'on porte tout à coup la lumière. Une illumination subite envahit le visage, lorsque les paupières d'abord abaissées s'élèvent. La vie apparaît, et avec elle la pensée que les yeux révèlent de concert avec le front. Aussi le sommeil présente-t-il les apparences de la mort, de même que la mort affecte les dehors du sommeil.

Au moment où la vie nous abandonne, les sens s'éteignent, mais tous ne s'évanouissent pas d'une manière également visible : l'ouïe, le toucher, le goût, l'odorat s'émoussent peu à peu et disparaissent sans que la physionomie souffre de leur absence; seule, la perte du regard nous frappe, lorsque les paupières s'abaissent comme un voile sur ces yeux qui ne voient plus. La lampe s'éteint, la nuit se fait.

Toutes les émotions, tous les états de l'âme se traduisent visiblement dans les yeux : l'indignation les enflamme, la colère les obscurcit, une douce émotion les attendrit, la douleur les gonfle et les noie de larmes. Le langage est plein d'expressions qui justifient l'importance du regard comme révélateur de nos émotions : c'est le regard doux ou courroucé, modeste ou fier, fixe ou mobile, pénétrant, sagace, perçant, sévère, attendri, vif, etc.

Le poète s'écrie :

> L'œil marque le remords, la paix d'une âme pure ;
> Du noble enthousiasme il exprime le feu ;
> Il s'attendrit sur l'homme, il s'élève vers Dieu.
>
> Que dis-je ? ces accents tantôt fiers, tantôt doux ;
> C'est l'œil, oui, c'est l'œil seul qui les rassemble tous.
> Dans sa noble structure, en prodiges féconde,
> Le plus frappant n'est pas de retracer le monde,
> De réfléchir les cieux, les forêts et les mers,
> Mais de peindre cette âme où se peint l'univers.

Ainsi donc, à défaut d'autres indications, il ne serait pas impossible que l'œil nous éclairât sur le naturel des animaux et la portée de leur intelligence. Dans tous les cas, les renseignements fournis par la physionomie peuvent servir à corroborer les indications venues d'autres sources.

### LOUPS ET RENARDS

On ne sera point surpris que le loup et le renard, ces proches parents du chien, montrent parfois de l'intelligence et soient susceptibles d'éducation. D'abord audacieux dans sa jeunesse, confiant dans sa force, le loup devient prudent en vieillissant, s'il a appris à redouter l'homme, mais s'il ne s'approche pas de la demeure des hommes, il conserve son courage et devient même au besoin téméraire.

Le renard serait également susceptible d'une certaine éducation, et la nécessité de se soustraire aux poursuites des chasseurs le rendrait habile et ingénieux. Nous ne faisons pas allusion à l'instinct qui le porte à enfouir des provisions de nourriture dans diverses cachettes et dans lequel on a voulu voir un acte de prévoyance, opinion presque aussi hasardée que celle qui attribue aux fourmis l'esprit d'ordre et d'économie ; nous voulons parler des preuves qu'en maintes occasions les renards auraient données sinon de leur finesse proverbiale, au moins d'une certaine circonspection.

Déjà, la Fontaine, dans sa fable du *Renard anglais*, — dédiée à madame Harvey, — avait dit en parlant des Anglais :

> Leurs renards sont plus fins...

Or, M. Milne Edwards cite un fait récent qui montre que les renards anglais n'ont pas cessé d'être plus fins que les autres. Ceci demande un mot d'explication. Il faut savoir que la chasse au renard est, en Angleterre, un plaisir fort goûté des grands propriétaires. Ils ne cherchent pas à détruire cet animal, mais à s'en amuser. Ils le poursuivent jusqu'à ce qu'il soit forcé, et alors ils lui font grâce de la vie, afin qu'il puisse servir à une nouvelle chasse. A ce jeu, le renard acquiert de l'adresse et de l'expérience, il finirait, dit-on, par jouer son rôle et par prendre sa part de plaisir. Qui sait, comme disait Montaigne de sa chatte, s'il ne s'amuse pas autant de voir tant de gens et de bêtes à sa poursuite que ceux-ci s'amusent de le poursuivre. Toujours est-il qu'il y a peu d'années, M. Milne Edwards ayant à la ménagerie un trop grand nombre de renards, proposa un échange à un marchands d'animaux de Londres. Celui-ci s'empressa d'accepter, mais bientôt après il refusa de continuer le marché. Les propriétaires auxquels il avait vendu des renards se plaignirent de ce que les renards français ne savaient pas jouer à la chasse comme les leurs.

Qu'il y a loin de cette expérience acquise par le loup, le renard et quelques autres animaux, résultat de la terreur et de l'effroi des sens, à l'éducation exceptionnellement propre aux hommes et qui est le fruit de la douceur, de la patience, du bon sens et du sens moral! C'est le corps de la bête qui frémit et qui tremble, qui se trouble sous l'influence des sens provoqués par les phénomènes extérieurs; c'est la *carcasse*, comme l'appelait Turenne, qui s'émeut, qui dompte le loup, mais que domptait la belle âme de Turenne, maîtresse du corps qu'elle animait. L'homme seul peut acquérir cette supériorité intellectuelle et morale, ce bon sens uni à la droiture et à l'élévation des sentiments, qui constitue avec le développement normal du corps, ce qu'on nomme l'éducation. Aussi est-ce par le degré de cette éducation que les hommes se différencient.

## L'ÉLÉPHANT

L'œil de l'éléphant, bien que d'une petitesse relative, est assez expressif. Le front large et bombé de l'animal fait illusion, et donne à sa physionomie quelque chose de grave et de réfléchi. « Belle tête, mais de cervelle point. » En effet, le cerveau de cet animal n'occupe pas toute la tête; il doit ce vaste front à des cavités qui occupent les parois du crâne. Sa force unie à sa docilité le rendent précieux comme animal de transport. Ce colosse massif et lourd sait exécuter des tours d'adresse peu en harmonie avec ses formes puissantes. Lorsqu'on le voit si soumis et si obéissant, on est disposé, assez logiquement d'ailleurs, à penser que ces qualités sont la conséquence de son intelligence. Pourquoi faut-il que nous soyons surpris de voir la force associée à la douceur?

Dans les jardins zoologiques aussi bien que dans les ménageries, les éléphants donnent quelques signes d'intelligence en imitant ce qu'ils voient faire à leurs gardiens, bien qu'on ne cherche pas à le leur apprendre. Ainsi, ils parviennent à ouvrir une porte, à déboucher une bouteille, — s'ils y trouvent leur plaisir et leur intérêt, — pour l'avoir seulement vu faire quelquefois, et sans qu'on ait attiré leur attention sur ces actes. Et d'ailleurs, lors même qu'on le

L'éléphant.

leur enseignerait cela prouverait-il moins leur capacité d'attention et de réflexion ?

En outre, ils seraient doux et affectueux, capables de reconnaître les bons traitements et de garder rancune des mauvais. On ne saurait aller plus loin sans tomber dans les fables généralement répandues.

En somme, les signes d'intelligence des animaux ne sont pas, jusqu'à présent au moins, bien développés et surtout généraux. Ils ont des rudiments d'intelligence tout juste assez pour que nous puissions en faire nos auxiliaires On dirait vraiment que les animaux auraient pu vivre avec leur instinct seul, et qu'ils n'ont d'intelligence que ce qu'il leur en faut pour devenir domestiques.

## LE CHEVAL

L'intelligence du cheval a été vantée et évidemment exagérée; puis, par une inconséquence naturelle, l'homme s'est plu à refuser à l'âne ce qu'il accordait si libéralement au cheval. La petitesse relative du cerveau et le développement considérable du museau ne sont pas à priori des indices favorables. Nous allons voir si les faits sont en contradiction avec ces premiers éléments d'appréciation.

On remarquera que si nous tenons compte, dans une certaine mesure, de la quantité relative du cerveau, c'est seulement dans la comparaison des animaux d'un même ordre, les mammifères par exem-

Le cheval.

ple, il vaudrait mieux encore, pour être plus près de la vérité, ne comparer que les cerveaux d'animaux d'une même espèce. Nous nous garderions bien d'établir des comparaisons entre les cerveaux des articulés par exemple, et ceux des mammifères, et de chercher à tout ramener à une unité fictive. On s'est accoutumé trop longtemps à penser qu'il n'y avait dans la nature qu'un moyen ou qu'un instrument pour obtenir un même résultat; d'après ce préjugé, tout cerveau qui ne serait pas fait sur le même plan que le cerveau humain ne saurait être le siège de l'intelligence, et l'intelligence décroîtrait chez les animaux à mesure que leur cerveau, par sa masse, sa forme, ses dimensions par rapport au système nerveux tout entier, etc., serait plus éloigné de notre cerveau.

Le cheval possède des sens très développés plutôt que de l'intelligence : son odorat, son ouïe et sa vue sont d'une sensibilité très vive. Il est toutefois susceptible d'éducation et capable d'attachement, de reconnaissance et de rancune, ce qui est un signe d'intelligence. C'est à son maître qu'il appartient de développer les qualités dont cet animal possède le germe : selon qu'on le traitera avec plus ou moins d'habileté et de douceur, on en obtiendra plus ou moins de services et d'attachement. Il y a bien plus de chevaux viciés par l'homme que vicieux de nature. En Orient, où le cheval est traité comme un être qui sent et qui pense, il montre qu'il sent et qu'il pense dans une certaine mesure; mais la brutalité de nos charretiers a bientôt étouffé sa faible intelligence. Pour en tirer par la force un profit immédiat, et, en apparence, plus grand, on tarit la source d'efforts et d'élans généreux dont il est capable, et on l'use avant le temps normal. On transforme ainsi un animal supérieur en une machine inférieure.

Qu'est-ce que l'intelligence des animaux dont nous venons de parler à côté de celle du chien. On a de la peine à trouver quelques rares signes d'intelligence chez le cheval, l'éléphant. Le plus souvent dans l'état de nature ces animaux n'ont ni l'occasion, ni les moyens de développer le germe qu'ils possèdent; il faut que l'homme leur vienne en aide, les dompte, les dresse, les domestique, pour qu'on remarque dans leurs actions des traces de réflexion, de jugement et de volonté. Encore ce ne sont que des traces, et elles sont pour le moins autant l'œuvre de l'homme que celle de l'animal.

### LE CHIEN.

Avec le chien, c'est plus et mieux. Il s'associe d'une manière plus large et plus complète à notre vie ; il est le commensal accoutumé, l'hôte assidu, l'ami fidèle de l'homme ; il nous comprend, il nous aime, il nous défend ; c'est un candidat à l'humanité, comme disait Michelet. Reportons-nous à ce que nous avons dit plus haut du regard et observons les yeux du

Le chien.

chien : ne sont-ils pas humains ? Nous allons citer en grand nombre des traits d'intelligence de ce sympathique animal ; mais jugeons-le d'abord avant les faits, d'après sa physionomie, ses allures, nous allions dire ses gestes ; d'après sa voix, ses accents. Le front est saillant, l'œil parlant ; il a des cris pour la douleur, la joie, la colère, la tendresse, l'impatience ; il gronde, il pleure, il supplie, il commande.

S'il exprime tous ces sentiments, c'est qu'apparemment il les ressent. Cela seul suffirait pour montrer la supériorité du chien sur les autres animaux.

Passons aux faits :

Toute personne qui a un chien a sans doute été témoin, comme nous, des signes de contentement qu'il exprime lorsqu'il suppose que son maître va le conduire à la promenade. L'animal a vu son maître prendre son chapeau et sa canne; il gambade en poussant des aboiements joyeux; il s'avance vers la porte, et la porte ouverte, il est déjà loin, prenant de l'avance sur son maître. Il a donc associé dans sa pensée le fait de prendre le chapeau et la canne avec celui de la promenade.

Allons plus loin. Si le maître ne va pas à la promenade et si le chien, désireux de sortir, s'en va chercher le chapeau du maître et le lui apporte, — cela s'est vu, — n'est-ce pas comme s'il disait à son maître : « N'allons-nous pas à la promenade aujourd'hui ? »

Plus encore. Si, comme le caniche de M. Milne Edwards, il s'arrête sur le perron, parce qu'il sait que son maître se dirige tantôt à droite pour aller à la Ménagerie, tantôt à gauche pour se rendre à son laboratoire, attendant que son maître ait fait quelques pas dans l'une ou l'autre direction, et qu'aussitôt fixé, il prend les devants et se trouve dans l'un ou l'autre endroit avant son maître, n'est-ce pas comme s'il disait au bas du perron : « Allons-nous au laboratoire ou à la Ménagerie aujourd'hui? » Puis renseigné, il continue en lui-même à se dire : « Mon maître prend de ce côté, c'est donc au laboratoire qu'il va. » N'a-t-on pas raison de dire qu'il ne lui manque que la parole.

Quelques-uns parmi ceux qui exagèrent, diront peut-être, mais la parole ne lui manque même pas, puisqu'il aboie. Non, l'aboiement n'est pas une parole; c'est une voix, un cri qui exprime la joie, le contentement, un état de l'âme, et non un résultat de la réflexion et une suite de mots destinés à rendre la pensée. Le cri révèle une émotion ou un sentiment; la parole seule est apte à révéler la pensée.

Voici un fait plus significatif raconté également par M. Milne Edwards. Le cocher du général T... demeurait à l'étage le plus élevé de la maison de son maître, le chien était à l'écurie avec les chevaux. Une nuit, le cocher entend gratter à sa porte, il se lève, il ouvre et trouve son chien qui le presse de descendre, car il montre quelque inquiétude et descend une ou deux marches, s'il eût fait jour on aurait certainement vu qu'il détournait la tête pour voir si son maître le suivait. Évidemment un homme muet n'aurait pas mieux exprimé cette pensée : « Venez vite, il se passe quelque chose, votre présence est nécessaire. »

Le cocher s'habille et le suit jusqu'à l'écurie où le chien se dirige, et là il constate qu'un des chevaux s'était détaché et tourmentait l'autre cheval. Le cocher rétablit les choses, et aussitôt le chien retourna se coucher. Le chien était donc allé chercher son maître parce qu'il avait reconnu une cause de désordre. Il s'était dit en lui-même : « Qu'est-ce qui se passe? Qu'ont-ils donc (en parlant des chevaux)? Si cela ne cesse pas, je vais aller chercher mon maître qui saura bien les faire rester tranquilles. » L'ordre rétabli, il s'était dit encore : « Maintenant tout va bien, je puis dormir tranquille. » Il importe peu que cela ait été dit ou non, mais que cela ait été pensé. Un homme muet aurait-il fait autrement en pareille circonstance.

Tout le monde a entendu conter l'anecdote du chien du voyageur. Ce voyageur, en quittant l'auberge, avait oublié un paquet, mais son chien ne l'avait pas oublié, lui ; il sautait après son maître le tirant par ses vêtements, et ne parvenant pas à lui faire comprendre sa pensée. Le voyageur étant monté en voiture, le chien s'était attaqué au cheval qu'il voulait arrêter. Finalement le maître inquiet aurait maltraité ou blessé son chien, mais arrivé au terme du voyage, il s'était aperçu de son oubli, et, revenant à l'auberge, il avait retrouvé le paquet et son chien accroupi à côté. L'animal avait donc exprimé d'abord cette pensée : « Vous avez oublié un paquet. » Il avait insisté : « Mais je vous dis que vous avez oublié un paquet. » Et, la voiture s'éloignant, il avait continué : « Ne partez donc pas, vous dis-je, vous allez laisser votre paquet, ne partez donc pas. » Enfin, victime de son attention dévouée, il s'était dit : » Je vais retourner garder le paquet afin que personne ne s'en empare. » Attention, réflexion, jugement, délibération, tous les signes de l'intelligence sont bien évidents.

*<br>* *

Et à dessein nous ne parlons pas du dévouement qui est le propre de cet animal. La fidélité, l'attachement absolu, tel est le fond de son caractère ; on en peut citer des preuves aussi nombreuses que touchantes. Seul parmi les animaux, le chien meurt de chagrin et défend son maître jusqu'à la mort, mais nous ne cherchons pour le moment que des preuves de son intelligence et non de la bonté de son cœur. Aucun doute d'ailleurs n'est permis à cet égard, et le temps n'est plus où le philosophe Malebranche, poussant brutalement du pied un chien et l'entendant pousser un cri de douleur, s'étonnait et disait : « Il ne sent pourtant pas. » Le mot de Malebranche cause aujourd'hui quelque surprise, mais sans le répéter, bon nombre d'hommes, peu dignes de ce nom, frappent leurs chevaux comme s'ils ne sentaient point.

Nous ne parlerons pas davantage des exercices auxquels on dresse le chien et qui ne prouvent point son intelligence. Le chien qui joue aux cartes ou aux dominos, ne connaît ni les cartes ni les dominos, il voit peut-être des points noirs sur un fond blanc, mais il n'a pas la notion des nombres et à peine celle des couleurs. Il pourrait à la rigueur distinguer les rois, les as, les dix, etc., quelque peu les couleurs, mais son esprit ne se hausse point jusqu'aux combinaisons qui constituent le jeu. Les charlatans le savent bien, et la seule qualité à laquelle ils s'adressent en cette occurrence est la mémoire; or, la mémoire du chien n'est pas la mémoire des abstractions, c'est celle des choses, des faits. Cela est si vrai, que le châtiment et la récompense suivent toujours de fort près les exercices auxquels on soumet le chien et dont il perd facilement le souvenir.

Ces exercices faussent l'intelligence du chien et ne lui sont pas moins funestes que les exercices de mémoire imposés aux enfants, lorsqu'ils ne comprennent

pas ce qu'on leur fait apprendre par cœur. C'est une
chose déplorable au point de vue de l'éducation, que
de confier à la mémoire ce que l'esprit n'a pas saisi.
Comprendre d'abord; retenir ensuite. Ne pas emma-
gasiner des mots qui n'ont pas de sens. Il vaut mieux
se souvenir moins bien de ce qu'on a compris que
retenir fidèlement ce qu'on ne comprend pas.

Une des anecdotes que l'on cite avec plaisir touchant
l'intelligence du chien est celle qui est rapportée par le
chirurgien Pibrac. Un jour, au moment de sortir,
Pibrac trouve un chien couché sur le seuil de sa
porte. Il le pousse du pied pour l'éloigner. Le chien
laisse échapper une plainte et ne bouge pas. Pibrac
s'approche, regarde, et s'aperçoit que le chien a la patte
cassée. Le chirurgien fait alors son office : il prend
le chien dans ses bras, le couche, lui met un appareil et le soigne. Au bout d'un certain temps, le
blessé guérit. Le chirurgien s'était attaché à son sujet;
le cas était assez rare et assez original. Lorsque le
chien fut complètement rétabli, il partit, et il oublia
son bienfaiteur, sans doute parce qu'il avait un maître
qui possédait déjà son affection. A quelque temps de
là, qui fut surpris, ce fut Pibrac qui trouva à sa porte
son ancien client, accompagné cette fois d'un autre
chien qui avait la patte cassée.

Nous ne savons pas où ce fait a été puisé, mais nous

n'avons aucune répugnance à en admettre l'authenticité, car nous savons sur le chien des faits non moins curieux.

Tout le monde a entendu parler du chien qui faisait, qui fait sans doute encore le marché pour son maître, va aux achats chez les divers fournisseurs, et accomplit régulièrement sa tournée de ménage.

Dans ces derniers temps, on a connu le chien mendiant qui se postait devant les personnes, et restait immobile jusqu'à ce qu'on lui donnât une pièce de monnaie. Il allait alors, tenant la pièce entre les dents, chez le boulanger voisin, attendant qu'en échange de cette pièce on lui donnât un gâteau. Lorsqu'on essayait de lui donner un gâteau autre que celui qu'il voulait, il ne desserrait pas les dents et ne lâchait pas la pièce. Un enfant n'eût pas mieux agi.

Terminons par l'anecdote du chien coupable qui a défrayé tous les recueils. On y verra un rare exemple de l'intelligence du chien. Un matin, — je ne sais plus le temps ni le lieu où les faits se passaient — un matin donc, on trouva dans une bergerie un mouton égorgé. Grand émoi dans le pays où de mémoire d'homme on n'avait point vu de loups. Ce fut l'objet de bien de commentaires, puis, comme il arrive, après avoir bien parlé, on se tut. Le lendemain, au matin, autre mouton égorgé. Pour le coup, homme ou loup, il fallait trouver le coupable. On se mit aux aguets pendant la nuit; chacun choisit un poste : les uns près de la bergerie, les autres à l'abreuvoir où l'on avait découvert quelques taches de sang, il y en eut qui veillèrent autour de la ferme et dans le bois voisin. De loup, il n'en vint pas. Mais au milieu de la nuit, Moufflard, qui paraissait des chiens le modèle, mais qui sans doute comptait quelque loup parmi ses aïeux, bien qu'il fût à l'attache, se dégagea le cou de son collier un peu lâche, puis se dirigea vers la bergerie pour consommer un nouveau meurtre. Au sortir de la bergerie on le vit se diriger vers l'abreuvoir : là, comme un criminel qui veut faire disparaître les traces de son crime, il lava sa gueule ensanglantée, puis revint se mettre de lui-même au collier. Il fallut que tous les gens de la ferme fussent témoins du fait pour y croire. Lorsqu'ils vinrent examiner Moufflard couché dans sa niche, celui-ci paraissait ignorer l'agitation et l'émotion dont il était la cause et semblait dire : « Je ne sais ce que vous voulez ; je suis innocent. »

## LE SINGE

La supériorité organique du singe a pu faire croire à une supériorité d'intelligence. Nous inclinons à croire que le chien, mieux servi par les organes, pourrait être au moins l'égal du singe. Sa forme et sa marche à quatre pattes lui font du tort ; il est vrai que les singes, même les singes supérieurs, se tiennent péniblement debout. — Au lieu de quatre pieds les singes ont quatre mains, et une face presque humaine. Par le corps ils nous ressemblent à ce point que de Gallien jusqu'à Vésale c'est l'anatomie du singe qui a servi aux médecins comme équivalent de l'anatomie du corps humain qu'on ne connaissait pas encore. Donc pour ne pas trop accorder au singe, n'oublions pas que sa forme nous en impose, et défions-nous aussi de son talent d'imitation qui est une aptitude plus voisine de l'instinct que de l'intelligence.

Voyons les faits : les premières observations modernes quelque peu sérieuses remontent à Buffon. En 1740, on amena à Paris un jeune chimpanzé, — on sait que ces singes habitent l'Afrique intertropicale, qu'ils y vivent par troupe, sur les arbres, et se nourrissent de fruits. Leur taille minimum est d'un mètre trente centimètres environ. — Buffon nous a laissé un récit détaillé des faits et gestes du jeune chimpanzé qu'il eut occasion d'observer. Il mangeait à table comme une personne, se servait avec aisance des ustensiles, se versait à boire, trinquait et buvait, dépliait sa serviette, s'essuyait la bouche, prenait du thé, du café, mettait dans la tasse le sucre nécessaire, et attendait pour le prendre qu'il fût refroidi.

Il se promenait avec les visiteurs, leur donnait la

main, avec un grand sérieux et comme s'il eût suivi
la conversation et connu la pensée des personnes
qui se promenaient avec lui. C'est tout.

Dans ces dernières années, le voyageur du Chaillu
était parvenu à apprivoiser un jeune chimpanzé dont
il avait tué la mère. L'animal l'accompagnait ou le

Le chimpanzé.

suivait comme un chien ; M. du Chaillu venait-il à s'as-
seoir, aussitôt *Tomy* — c'était le nom du singe — sautait sur lui, s'asseyait sur les genoux de son maître,
appuyait sa tête sur la poitrine de celui-ci, dans la
position d'un enfant qui veut se faire dorloter.

Jusque-là on ne saurait voir des signes d'intelligence. La gourmandise le rendit voleur; il était
naturellement adroit, il devint rusé ; épiant le mo-

ment où les gens étaient absents, il allait dans leur hutte dérober les fruits. Le matin, il soulevait discrètement la natte qui fermait l'entrée de la cabane de son maître afin de voir si celui-ci dormait. S'il le trouvait endormi, *Tomy* sautait sur les bananes, mais au moindre bruit il fuyait précipitamment, laissant tout tomber. Quelquefois, il essayait de donner le change et prenait un air de sainte nitouche. Dans ce cas, il faisait preuve d'intelligence. Il disait en lui-même : « On m'a défendu de toucher aux fruits; il faut qu'on ignore que je les ai pris, parce que je serai battu si l'on me surprend. Je vais profiter du moment où il n'y a personne. » Ou bien : « Mon maître doit être encore endormi, disait-il; il ne faut pas que je fasse du bruit car je pourrais le réveiller, je vais aller tout doucement. S'il s'éveille, je mentirai. »

Notre singe donna encore des preuves d'intelligence lorsque l'hiver fut venu, et qu'il eut froid pendant la nuit. Il cherchait à se coucher soit avec les nègres, soit avec son maître. Repoussé de tous les côtés, il usa d'un stratagème. Il guettait le moment où tous les nègres étaient endormis et se couchait parmi eux, mais le matin il décampait avant le réveil des nègres. Quand il ne se réveillait pas à temps il recevait une correction, ce qui ne l'empêchait pas d'ailleurs de recommencer.

Voilà assurément des actes intelligents, mais sont-ils supérieurs à ceux qu'accomplit le chien? Nous connaissons sur l'orang-outang (*homme des bois*) des faits analogues. Frédéric Cuvier eut occasion de faire sur lui des observations curieuses qu'il nous a conservées. Il se conduisait comme un enfant; il aimait les caresses et donnait lui-même des marques d'affection. Lorsqu'il souhaitait quelque chose et qu'on lui refusait l'objet de ses désirs, il boudait, pleurait à sa manière, poussant de grands cris, s'arrachant les cheveux, se roulant par terre, comme nous l'avons vu faire maintes fois à un enfant mal élevé.

Selon son habitude, il perchait. Un jour, on fit semblant de vouloir aller sur l'arbre pour le saisir, il se mit alors à secouer l'arbre afin d'effrayer la personne et de lui inspirer la crainte de tomber. Cette crainte, il lui était sans doute arrivé de la partager dans des circonstances analogues, et il avait conclu que ce qui l'avait effrayé devait effrayer les autres. N'avons-nous pas eu souvent occasion de voir des enfants chercher à nous faire peur, comme ils disent, dans leur langage naïf. De là à voir, avec Cuvier, la faculté de généraliser, il y a loin !

Flourens et Milne Edwards ont eu également occasion d'étudier les habitudes d'un autre orang-outang. Ils ont pu contrôler les faits déjà observés et en signaler de nouveaux. Le gardien de l'orang l'enfermait à clef dans leur chambre commune lorsqu'il avait à sortir. D'abord, notre singe donna des signes de douleur et de colère, poussant des cris, s'arrachant les cheveux et se heurtant la tête contre le mur, puis il se mit à essayer d'ouvrir la porte en poussant et ne put y parvenir. Il observa évidemment son gardien lorsqu'il ouvrait et fermait la porte, car un jour il se mit en devoir de l'imiter. Le bouton de la porte était hors de sa portée; pour l'atteindre, il prit une chaise sur laquelle il grimpa et parvint à ouvrir.

La porte ayant été fermée à clef et la clef placée sur la cheminée, il grimpa à sa balançoire jusqu'à ce qu'il fût à portée de la clef. Enfin, on raccourcit la corde en faisant un nœud, il défit le nœud.

Flourens raconte qu'il alla un jour le voir avec un vieillard dont l'attitude, le costume et la démarche produisirent une vive impression sur notre animal. Ils allaient se retirer, lorsque le jeune orang, toujours préoccupé, parut enfin céder à un vif désir jusqu'a-lors contenu : il prit la canne du vieillard, et, s'appuyant dessus, courbant le dos, il se mit à marcher lentement, simulant, avec un rare talent d'imitation, l'allure de ce vieillard; il fit ainsi le tour de la pièce, et désormais satisfait d'avoir montré son habileté, il vint rendre la canne qu'il avait empruntée un instant.

On peut être journellement témoin de signes d'intelligence donnés par les singes en les observant. Au

Jardin des plantes, au Jardin d'acclimatation, dans les cages où l'on a coutume de les réunir, cent fois par jour, on pourrait être témoin de faits qui prouvent l'intelligence des singes. Ils montrent dans leurs jeux de la ruse, de l'espièglerie, de la malice; c'est une troupe d'enfants. Ils jouent d'ailleurs volontiers dans leur jeunesse avec les enfants ; ils paraissent les aimer et se plaire en leur compagnie. Et pourtant le chien nous semble plus près de l'enfant que le singe, tant par le degré de l'intelligence que par le caractère. Il y a beaucoup d'affinité entre les chiens et les enfants, ils jouent entre eux en camarades et en amis. En outre, aucun animal ne peut rivaliser avec le chien pour l'affection et le dévouement. Enfin, tandis que les singes deviennent méchants, quelquefois féroces, en devenant vieux, les qualités du chien ne s'affaiblissent pas avec l'âge, il se montre de plus en plus attaché à mesure qu'il vieillit.

Qu'est-ce, après tout, que cette intelligence de l'animal, à quoi se réduisent ses manifestations ? A quelques faits peu importants qui exigent, il est vrai, l'attention, le jugement, la volonté. On dira peut-être que notre supériorité intellectuelle tient à celle de nos organes. Nous dirons le contraire, c'est-à-dire que les organes sont les serviteurs de l'intelligence et qu'ils sont la conséquence de celle-ci. La vérité est peut-être que l'un et l'autre réunis sont en quelque sorte un tout indivisible.

Ceux qui n'admettent que le corps ne verront rien au delà des organes, et tout dans leur système doit dépendre de ceux-ci; pour eux, la perfection plus ou moins grande des organes entraîne comme conséquence la perfection plus ou moins grande des manifestations mentales.

Ceux qui regardent le cerveau comme le lieu où se produisent les opérations mentales, sans admettre toutefois que cet organe en soit le producteur ou le sécréteur, ainsi que ceux qui admettent un principe indépendant, une âme qui n'est pas une résultante, ne sauraient admettre que le milieu et les conditions précèdent les manifestations. Tout au plus ils peuvent les modifier.

L'étroite solidarité qui existe entre les organes et les phénomènes dont ils sont le siège, impose en quelque sorte la simultanéité de leur apparition. On ne saurait y voir quelque chose d'analogue à la cause et à l'effet. Il n'y a pas succession, il n'y a pas conséquence de l'organe au phénomène qu'il produit ou au phénomène dont il est le support. Il n'est pas exact de dire : tel animal doit sa supériorité mentale à sa supériorité organique; il n'est pas non plus exact de dire le contraire. Il est seulement permis de constater que pour un même groupe d'animaux très voisins, les deux supériorités, mentale et corporelle, se rencontrent chez le même individu.

RÉSUMÉ

Caractères distinctifs de l'instinct et de l'intelligence. — L'intelligence chez les animaux et chez l'homme.

Des diverses manifestations des animaux mentales
que nous venons de passer en revue, nous pouvons
déjà conclure que les caractères de l'intelligence ne
sont pas seulement différents de ceux de l'instinct,
mais qu'ils leur sont même absolument opposés.

L'instinct est *nécessaire :* — l'abeille ne peut pas
vivre solitaire, ou ne pas coopérer à la construction
d'une ruche, l'araignée ne peut pas ne pas faire sa
toile, la chenille ne pas filer son cocon, sans compro-
mettre son existence. — L'intelligence est *condition-
nelle :* elle varie chez les animaux : — le chien est plus
intelligent que le chat, — il y a des degrés ; certains
animaux même paraissent en être dépourvus, et chez
l'homme, on ne s'aperçoit que trop, hélas ! combien
elle est peu *nécessaire* et combien d'hommes parviennent à vivre sans le secours de l'intelligence. Elle
est tombée dans les cerveaux humains comme la pluie
dans les divers lieux : les uns n'ont reçu qu'une ondée,
pour les autres, c'est un orage.

L'instinct est *parfait,* — de tous les moyens que
pourrait employer l'animal pour arriver aux mêmes
fins, c'est le meilleur. L'oiseau exécute son nid, le

castor sa cabane, l'abeille sa cellule, excellemment, d'une manière parfaite, irréprochable. — Au contraire, l'intelligence, qui s'éveille, pour ainsi dire, sous l'influence de causes provocatrices, est plus ou moins vive, elle se développe plus ou moins; elle est imparfaite et perfectible. C'est par la culture de notre esprit, par l'expérience, que notre jugement se forme, que notre raison se fortifie, que notre esprit mûrit.

L'instinct est *infaillible* et *invariable*. — L'animal arrive sûrement et du premier coup, par les mêmes moyens, au but qu'il poursuit inconsciemment. il va droit à un but qu'il ne connaît pas et qu'il n'a nul désir d'atteindre. Ainsi les petits chiens vont droit au sein maternel avec les yeux fermés, l'ichneumon fond sur les chenilles sans hésitation, sans qu'il ait reçu un enseignement. — L'intelligence est essentiellement *faillible*, l'animal voit le but qu'il vise, qu'il désire atteindre, qu'il essaye d'atteindre. Il emploie divers moyens, il se trompe parfois, rarement il réussit du premier coup. Nous en avons vu des exemples dans les travaux accomplis par les fourmis, et notre expérience ne résulte-t-elle pas des rectifications apportées aux écarts de notre jugement et de notre raison ?

L'instinct est *propre à une espèce :* — toutes les fourmis rouges possèdent leur instinct guerrier à l'exclusion des autres fourmis, et ce que font les fourmis, les abeilles, qui ont leur instinct propre, ne sauraient le faire, pas plus que les fourmis rouges ne sauraient construire des ruches et faire du miel. — L'intelligence est *propre aux individus :* — la dose varie chez les individus d'une même espèce ; elle varie également d'une espèce à une autre. Lorsque les fourmis exécutent certains travaux qui exigent l'exercice de l'intelligence, il est très probable que toutes ne sont pas également aptes à les diriger, et qu'il en est quelques-unes dont les autres, reconnaissant la supériorité, suivent les conseils et subissent la direction.

L'instinct est *particulier :* — il n'est applicable qu'à son objet ; il est impropre à l'accomplissement de toute autre tâche, cela est surtout évident lorsque l'animal possède des organes adaptés à son instinct. L'instinct de l'abeille ne lui permet de faire que du miel, et, si habile qu'elle soit pour construire des cellules et les grouper en rayons, elle ne saurait tirer parti de son instinct pour construire le piège du fourmi-lion. — L'intelligence est *générale :* — elle s'exerce sur des objets divers, le but à atteindre varie et aussi le mode d'exécution et la somme d'efforts à faire. Cela est surtout vrai de l'intelligence humaine.

L'animal est *dominé* par son instinct, il y obéit fatalement, il ne peut s'y soustraire. Au contraire son intelligence est *libre*, et à l'aide de son intelligence, il perçoit, compare, juge, délibère et veut.

L'instinct est une propriété; l'intelligence, une faculté.

Après cet examen de l'intelligence des bêtes, n'est-on pas en droit de s'écrier avec le Fabuliste :

> Qu'on m'aille soutenir après un tel récit,
>     Que les bêtes n'ont point d'esprit !
>     Pour moi, si j'en étais le maître,
> Je leur en donnerais aussi bien qu'aux enfants.
> Ceux-ci pensent-ils pas dès leurs plus jeunes ans ?
> Quelqu'un peut donc penser ne se pouvant connaître.

Nous n'hésitons pas à leur accorder autant d'intelligence qu'aux enfants. Il suffit de voir les enfants jouer avec les animaux pour être convaincu qu'ils se comprennent mutuellement. L'enfant préfère naturellement, nous pouvons dire instinctivement, les animaux dont l'intelligence équivaut à la sienne. Selon que son intelligence sera plus ou moins développée, il se plaira avec tel ou tel animal, il en fera sa société, le compagnon de ses jeux. C'est surtout au chien que l'enfant paraît ressembler le plus pour le degré d'intelligence, le caractère, la gaieté, l'enjouement, la légèreté, la mobilité. Mais chez l'enfant l'intelligence est susceptible de développement; elle va croître pendant toute la vie, elle s'enrichira en empruntant au fonds commun de l'héritage intellectuel de l'humanité, tandis que le chien restera enfant toute sa vie et enfant ignorant.

Le petit nombre d'actes intelligents qu'on lui voit accomplir montre les limites de son entendement, qui n'est pas étendu même pour le plus intelligent d'entre eux. C'est une intelligence à horizon restreint; on pourrait la comparer à un regard qui ne verrait qu'un seul objet à la fois ou deux ou trois objets voisins, tandis que l'intelligence humaine serait comparable à un regard qui s'étendrait sur un pays plus ou moins vaste, selon le degré d'intelligence. L'intelligence des animaux supérieurs ne paraît pas aller au delà de l'objet qui l'occupe, le champ de son activité est circonscrit, les associations d'idées limitées à un petit nombre. Elle est impuissante à généraliser. C'est quelque chose de réduit en quantité et d'inférieur en qualité. Qu'on se figure l'homme sans livres, sans écriture, sans tradition, sans enseignement, les générations se succédant sans laisser de traces et d'héritage intellectuel, et l'humanité vivra intellectuellement au jour le jour ; et chaque génération nouvelle édifiera à nouveaux frais une civilisation inférieure et dépassera à peine les sociétés animales.

L'intelligence animale et la nôtre ont des éléments, on pourrait dire des *racines* communes, mais l'intelligence animale reste rudimentaire, parce qu'il n'y a pas comme chez nous la possibilité d'accumuler les connaissances en les emmagasinant, et la possibilité de les communiquer, de les répandre et de les multiplier en faisant de chaque individu un nouveau foyer de rayonnement. Chaque animal pourra se développer dans une certaine mesure, mais le peu qu'il transmettra de ce qu'il aura reçu, c'est surtout par le corps, par l'hérédité, avec son sang, bien plus que par voie d'enseignement. — Ajoutons que dans la transmission des connaissances par les animaux à ceux de leur espèce, il entre au moins autant d'imitation de la part des nouveaux que d'enseignement de la part des anciens.

En outre, l'intelligence animale est pour ainsi dire sans initiative, elle ne paraît capable d'activité que sous notre impulsion. C'est nous qui provoquons le développement qu'elle comporte; sans notre action ou notre assistance, elle s'atrophierait; elle a besoin de notre culture comme les plantes. L'animal que nous avons intérêt à nous approprier porte notre empreinte : nous en moulons pour ainsi dire le corps et l'intelligence. Profitant des accidents naturels, comme la petitesse ou la grandeur de la taille, nous perpétuons ces accidents et nous produisons des races de petites ou de grandes tailles. De même, profitant des aptitudes comme celles pour la chasse, nous pouvons les développer et les perpétuer et créer des races qui possèdent certaines qualités ou certains défauts naturels du corps ou de l'esprit qui nous sont avantageux. Cet asservissement volontaire qu'on nomme domestication résulte de la culture d'une aptitude sociale de certains animaux. Par elle les animaux domestiques, qui sont d'un si grand profit pour nous, se sont multipliés dans une proportion énorme, comparée à la multiplication des animaux sauvages. Où s'est-il produit quelque chose de comparable chez les animaux à cette action de l'homme sur la nature entière vivante ou inanimée, pour ne parler que de ce fait? Le faucon, qui donne d'excellentes leçons de chasse à ses petits et qui les dresse si bien, a-t-il jamais enseigné son art à un autre oiseau? a-t-il jamais asservi un oiseau à son usage comme nous l'avons, nous-mêmes, plié à notre service?

Sans doute certains hommes ne sont pas supérieurs à certains animaux, cela n'infirme en rien nos déductions. Il ne s'agit pas en effet de l'état où peut se trouver l'intelligence d'un homme, mais du degré où il est possible de l'élever. On peut au contraire affirmer que l'intelligence de l'animal n'atteindra pas tel point, ne dépassera pas telle limite. Il y a des sauvages qui ont un vocabulaire fort limité et qui n'ont pas conçu la numération, nous prévoyons néanmoins la possibilité de leur enseigner des rudiments de connaissances, tandis que nous pouvons affirmer que nous n'enseignerons jamais à lire et à compter à un singe ou à un chien, et assurément ce ne sera pas un singe ou un chien qui l'enseignera à ses semblables.

Cet empire de l'homme sur la nature a depuis longtemps frappé les hommes ; il n'est pas contestable puisque c'est un fait, et ce qui ne saurait être davantage contesté, c'est qu'il ne le doit pas à des avantages physiques, mais qu'il le tient de son intelligence. Si toute notre dignité vient de la pensée, ainsi que l'a dit Pascal, ajoutons que tout en faisant notre grandeur, elle fait aussi notre force.

Nous avons beau analyser l'intelligence animale, la scruter, chercher ce qu'elle a de commun avec la nôtre, par où elle lui ressemble et par où elle diffère, nous ne parvenons pas à combler l'abîme qui la sépare de l'intelligence humaine. En mettant en regard les races inférieures, les sauvages actuels et les animaux supérieurs, nous ne voyons pas de transition. Nous ne voulons même pas parler des organes et des différences organiques importantes, telles que celles de la tête et des mains, nous nous bornons seulement aux actes intelligents. Or, cette intelligence toute individuelle ne s'exerce pas sur la matière pour créer une industrie ou un art quelconque, ni sur les intelligences de même ordre ou d'ordre inférieur, pour arriver à constituer des sociétés qui ressemblent même fort peu à des sociétés humaines avec l'ensemble des moyens de défense et des gages de sécurité.

La construction d'une fourmilière, d'une ruche ou d'un nid n'est pas une œuvre d'art ou le résultat d'une industrie : on se souvient de ce qui a été dit à ce sujet et comment l'invariabilité dans l'exécution et dans les moyens employés écarte l'hypothèse d'une intervention volontaire de la part de l'animal.

Et qu'y a-t-il de commun entre ces groupements à mode invariable, femelle, mâles, neutres, — avec égorgement des mâles, etc. —, des fourmis ou des abeilles, et les sociétés humaines si variées dans leurs formes et soumises à des lois qu'elles se donnent et qu'elles modifient ?

Trouve-t-on chez les singes ou chez les chiens les débris d'objets qui accusent un art, une industrie, une science quelconque, plus ou moins analogues à ceux que nous avons recueillis dans les abris ou les tombes de l'homme primitif ? N'est-ce pas le cas d'appliquer à ces animaux supérieurs, en le retournant, l'adage latin : tout ce qui est humain leur est étranger.

### LE LANGAGE

Bruits des insectes. — Chant des oiseaux. — Voix des mammifères.
Gestes et signes naturels. — Parole. — Conséquences.


Nous avons peut-être une dernière ressource pour juger de la valeur relative des intelligences, dans l'examen comparatif du langage des bêtes et des hommes.

Existe-t-il un langage des animaux?

On comprend l'importance de la solution de cette question. Le langage n'est-il pas le moyen de faire connaître ce qui se passe en nous, d'exprimer ce que nous sentons, ce que nous pensons, ce que nous voulons; en un mot, de traduire extérieurement ce qui se passe intérieurement, et dès lors n'est-il pas possible, dans une certaine mesure, de juger de l'activité interne par les manifestations externes, ou, si l'on préfère, de préjuger les sensations, les sentiments, les pensées d'un être par ce qu'il nous en dit ou nous en exprime.

Si la même intelligence anime et éclaire les hommes et les animaux avec des différences d'intensité, on doit remarquer une certaine ressemblance entre les manifestations des mêmes phénomènes internes et conclure à l'identité des causes par l'identité des effets. Le cri de douleur poussé par un animal ou par un homme ne trompe pas sur la cause qui l'a provoqué. De quelque part que vienne ce cri, nous nous sentons émus, parce que nous avons com-

pris qu'il exprimait une souffrance. Malheureuse-
ment, dans le problème qui nous préoccupe, tout
n'est pas aussi facile que l'interprétation extérieure
des émotions. On a vu plus haut que toutes les fois
qu'un animal nous a paru comprendre, comparer,
apprécier, vouloir, nous l'avons déduit de certains
actes, et non pas observé directement.

Distinguons d'abord, entre les diverses manifestations, celles qui sont involontaires ou instinctives,
de celles qui sont volontaires ou intelligentes ; celles
qui sont des propriétés de celles qui sont des actes.

Un certain nombre d'animaux ont à leur service
des signes de reconnaissance qui ont pour eux les
avantages d'un langage, mais auxquels nous ne saurions donner ce nom.

Le grillon, par exemple, cet insecte bien connu
par son cri monotone qui lui a valu le surnom fami-
lier de *cri-cri*, paraît produire ce bruit pour appeler
sa compagne ou pour la charmer : placé au bord de
son trou, sur le seuil de sa porte, car il ne s'aven-
ture pas au loin, il ne cesse pas son éternel cri-cri ;
s'il appelle sa compagne, elle se montre bien indifférente à son appel, et s'il la charme, il faut avouer
qu'elle n'éprouve pas la satiété inséparable d'un
long usage. Ce n'est pas une voix sortant d'un larynx,
comme on est toujours tenté de le croire ; ce bruit

strident est produit par le frottement des cuisses contre le corselet.

Le grillon.

Les criquets, les sauterelles font entendre des bruits analogues mais moins perçants et se rappro-

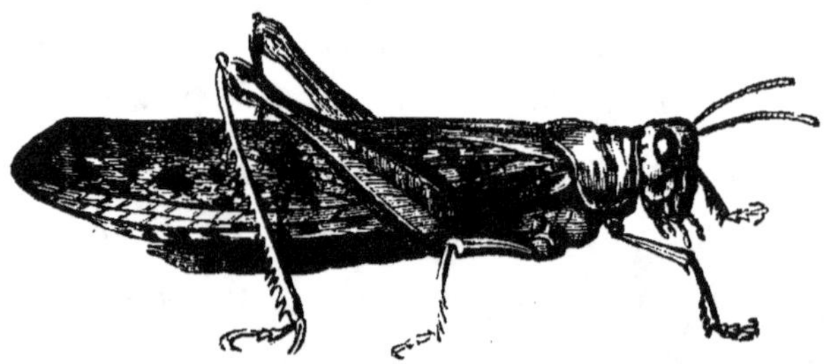

Le criquet voyageur.

chant du ronron, du bourdonnement; c'est aussi le résultat du frottement tantôt des ailes, tantôt de jambes, et, sans doute pour ces animaux, ce sont des moyens de communication sans grande portée; l'équivalent d'un appel, ou, par exemple, de la phrase : « Je suis là. »

*
* *

Ce qu'on nomme le chant de la cigale est un bruit assourdissant et somnifère pour lequel les Grecs et les Latins ont montré un goût absolument injustifiable, à en croire leurs poètes. Ce bruit est produit par

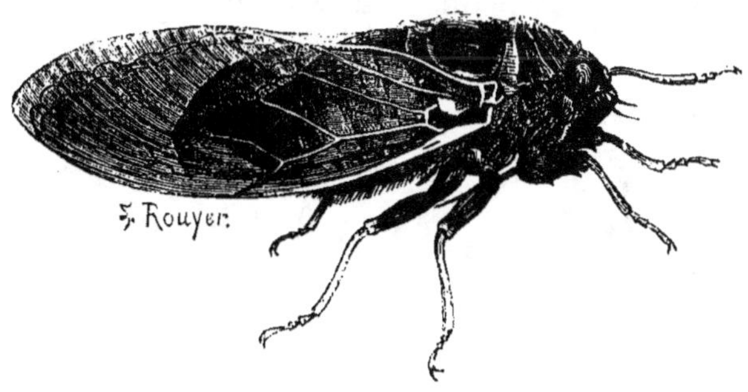


La cigale.

un appareil spécial qui occupe une partie du ventre de l'insecte. On peut le comparer à un tambour de basque ou à une timbale. C'est en effet une membrane ou peau tendue qui vibre sous l'action des muscles. Pendant que la femelle prépare le nid commun, en perçant, à l'aide de sa tarière, le tronc ou les branches d'un arbre, afin de creuser la cavité qui doit recevoir les œufs, le mâle, immobile, fait entendre son bruit qui paraît charmer la femelle et l'exciter au travail.

*<sup>*</sup>*

Ces bruits ne seraient-ils pas pour ces insectes l'équivalent de nos arts d'agrément ? avec cette différence toutefois qu'ils seraient fatals, puisqu'ils dépendent de l'organisation de l'animal, et en outre invariables, exclusivement propres à l'animal ; en un mot ces bruits rentrent dans la catégorie des instincts.

Les mouches, les cousins, les abeilles, et surtout les bourdons bourdonnent ; d'autres insectes produisent également des bruits divers qui ne sortent point de leur gosier et sont le résultat des vibrations produites soit par leurs ailes, soit par d'autres organes ; faut-il voir là un signe de reconnaissance ? à l'aide de ce bruit ces insectes parviennent-ils à se rassembler ? C'est possible, mais avouons que le vocabulaire d'un semblable langage est bien limité.

Abeille.

Il n'est pas douteux que certains insectes échangent quelques idées ; nous avons eu l'occasion de l'observer pour les fourmis et les abeilles. La nature de leurs travaux les oblige souvent à réunir leurs efforts pour accomplir une tâche. A ce moment, ainsi que nous en avons déjà fait l'observation, les fourmis se communiquent leurs impressions, s'éclairent mutuellement sur les moyens les plus propres à attein-

dre le but qu'elles se proposent. Or, c'est à l'aide de
leurs antennes, qui sont sans doute des organes de
sens multiples, qu'elles causent ou qu'elles échangent les quelques pensées, toujours les mêmes, qui ont
trait à leurs travaux et à leur existence de chaque jour.

Il y a là l'équivalent d'un langage, mais l'impossibilité où nous sommes de connaître les propriétés
des antennes et la nature des communications échan-
gées, ne nous permet pas de comparer ces moyens
de communication avec le langage. Le résultat est le
même, mais comment suivre le travail interne qui
s'accomplit chez des êtres aussi différents de nous à
tous les points de vue? Il y a en effet différence de
taille, d'organisation, de sens, de système nerveux,
d'aptitudes, etc. Il est trop évident que les éléments
de comparaison nous manquent et qu'on ne saurait
que s'aventurer dans le champ des hypothèses en allant
plus loin.

Le chant des oiseaux est peu éloigné de la voix
humaine. Ce n'est plus un bruit comme celui produit
par les insectes, et auquel l'animal qui le fait entendre paraît indifférent. Il sort de la poitrine de l'oiseau et il est produit par un larynx analogue au
nôtre. Entre l'oiseau et nous, il n'y a pas de différence aussi profonde qu'entre nous et les articulés.
Certains sont des animaux domestiques, — la poule

par exemple ; — l'observation de leur manière de vivre et de leurs mœurs est relativement aisée, nous sommes donc sur un terrain assez favorable.

Le chant proprement dit est l'apanage du mâle qui paraît s'en servir pour charmer la femelle. Au printemps, en même temps que le mâle revêt un plus beau plumage, sa voix acquiert toute l'étendue, la beauté et le charme qu'elle comporte. — Son ramage se rapporte à son plumage. — La femelle, en effet, n'y est pas insensible ; silencieuse, elle prête une oreille attentive et ravie. Si plusieurs mâles sont réunis autour d'elle, ils s'évertuent à montrer leur talent de chanteur, ils rivalisent pour la vigueur, la pureté des notes, la souplesse, l'étendue, la sonorité de la voix ; ils semblent lutter pour un prix de chant qu'elle doit leur décerner ; il s'agit évidemment de lui plaire et de conquérir ses bonnes grâces.

Le chant varie avec l'espèce ; ce n'est pas une langue commune à tous les oiseaux et à l'aide de laquelle ils peuvent tous s'entendre. Non, le serin, le rossignol, le roitelet chantent dans des langues différentes ; tout au plus compte-t-on quelques oiseaux imitateurs, mais qui imitent comme le perroquet, sans comprendre ce qu'ils répètent.

Quelques oiseaux ajoutent à leur chant ce qu'on peut appeler leurs gestes. Pendant qu'ils chantent, ils exécutent une sorte de danse, hérissent leurs plumes, allongent leur cou, *font les beaux* comme dans d'autres occasions ils *font les terribles;* en un mot, par ces attitudes, ces mouvements qui nous paraissent bizarres, ils cherchent évidemment à augmenter leurs avantages. Ces mouvements sont également propres à chaque espèce, ils sont invariables et innés, et à ce titre se rapprochent des mouvements instinctifs.

Outre ce chant, sorte d'art d'agrément dont il vient d'être question, que certains oiseaux seulement possèdent, et parmi ceux-ci, le mâle exclusivement, les oiseaux ont une voix que font entendre mâles et femelles, à l'aide de laquelle ils peuvent *échanger leurs idées*, se révéler mutuellement leurs impressions, et qui serait le langage des oiseaux. Langage restreint, il est vrai, mais précis. Ainsi. lorsque la nuit arrive et que les oiseaux gagnent leur nid, si l'un d'eux fait attendre l'autre. ce dernier l'appelle d'une voix tour à tour inquiète, plaintive, pressante, impérative; il semble dire à sa compagne ou à son compagnon : « Viens-tu? — Ne viens-tu donc pas? — Viens donc. — Voyons, décidément viens-tu? »

Tout le monde a vu la poule entourée de ses poussins : elle leur adresse sans cesse de petits cris maternels qui semblent dire : « Par ici, enfants; ne vous éloignez pas trop, » et les petits de faire entendre un petit cri qui semble dire : « Nous voici, nous voici. » Si elle craint quelque danger, aussitôt elle fait entendre un cri qui est l'équivalent d'un ordre maternel : « Enfants, approchez, » et les poussins de courir auprès d'elle. Quelquefois ce sont ces derniers, effrayés à tort, qui jettent de petits cris de terreur et semblent dire : « Maman, maman, » mais elle, plus calme, les rassure d'une voix grave : « Ce n'est rien, n'ayez pas peur. » Si le coq rassemble ses poules, c'est aussi par un cri qui est l'équivalent d'un ordre de maître.

Tous ces cris peu variés se rapportent aux usages de la vie chez les oiseaux, ils sont bornés comme les besoins de ces animaux, comme les incidents de leur existence si unie, si peu accidentée. La douleur, la joie, la colère, la tendresse, l'inquiétude ont leur cri expressif et c'est tout. Serait-ce là un langage ?

Les mammifères ont également des voix non moins variées que celles des oiseaux et qui ont reçu les noms de rugissement, mugissement, glapissement, miaulement, aboiement, etc. La hauteur des sons, leur intensité, leur timbre, varient chez les divers animaux; les modulations, le caractère, l'ampleur de la voix, changent en passant d'une espèce à une autre. Chaque voix est propre à l'espèce et ne peut être ni comprise ni imitée par les autres. Certains, le bœuf par exemple, ont une voix simple, un très petit nombre de phrases incessamment répétées. Le plus souvent, ils s'abstiennent de pousser leurs cris. Le cheval hennit d'un petit nombre de manières. L'éléphant, la girafe sont le plus souvent muets. Le singe pousse de véritables cris qui n'ont rien d'humain. Le plus souvent l'enfant qui vient au monde jette des cris de douleur.

La voix du chien est la plus nuancée, il a un aboiement pour l'expression de chaque émotion, de chaque sentiment, de chaque sensation. Il exprime ainsi la joie, la douleur, la colère, la plainte, la terreur. Il possède toute la gamme des sentiments. Il est en outre prodigue d'un geste singulier qui n'appartient guère qu'à lui : ce sont les mouvements de sa queue par lesquels il marque son affection, son contentement, son désir de jouer et de plaire. Au balancement régulier et rapide de sa queue, on reconnaît les dispositions amicales du chien ; si, au contraire, il s'approche en grondant, « serrant la queue et portant bas l'oreille », il doit éveiller nos défiances. Il nous renseigne ainsi sur les gens qui nous visitent, et l'on a pu dire plaisamment que la queue du chien est le balancier de son cœur.

En somme, les animaux ont un langage dans leurs voix et leurs gestes ou leurs attitudes. Il est vrai que ce langage n'exprime que des émotions et des sentiments : l'intelligence n'intervient pas dans sa formation, le corps seul parle pour ainsi dire, et laisse en quelque sorte échapper simultanément des cris et des gestes instinctifs. En même temps que l'animal reçoit un coup ou même si l'on fait mine de vouloir le frapper, il fait un mouvement instinctif pour éviter le coup, et pousse un cri de douleur ou d'alarme qui n'est pas moins instinctif que le mouvement. L'enfant, dans les mêmes circonstances, n'agit pas autrement. Dès que le chien aperçoit son maître après une absence, il court à lui en faisant entendre des aboiements joyeux ; dès que l'enfant aperçoit ses parents, il se jette dans leurs bras en marquant sa joie par des cris et des caresses. Les mouvements sont soudains ; les cris sont subits ; nul intervalle entre les deux : c'est une explosion qui n'admet ni la réflexion, ni le jugement, ni la détermination. Ainsi quand, sous le coup d'une émotion, comme la colère, la douleur ou la joie, nous lançons les interjections ah ! oh ! aye ! l'expression est fatale, instinctive. On dirait que la voix part du corps, comme un ressort qui se détend subitement, sous l'influence du trouble qui s'empare de nous.

Le langage de l'enfant et de certains hommes qui, malgré un âge avancé, sont restés enfants faute de culture, est analogue sinon semblable au langage des animaux; ce que l'un exprime, l'autre l'exprime également, et l'expression est la même pour les mêmes sensations ou sentiments exprimés. Un cri de douleur poussé par l'enfant et par l'animal ne diffère que par des particularités qui tiennent de la différence d'organisation. Il en est de même des mouvements ou des gestes de l'un et de l'autre, comme ceux qui sont provoqués par la frayeur, la colère, etc.

Les cris ou les interjections, les gestes ou les mouvements, tels sont les commencements de tout langage. Il ne faut pas attacher d'importance à la diversité des voix, aux qualités du son produit, à son ampleur, à la succession et à la valeur relative des notes, à la modulation, au rythme, en un mot, à tout ce qui différencie les voix. Ce qui importe, c'est de constater la relation entre le cri et la sensation, ou entre la manifestation externe et l'acte interne. Là est la partie commune entre les deux langages. On ne saurait attendre de l'animal qu'il s'exprime comme nous avec des organes différents; sent-il comme nous, non au même degré mais de la même manière? Tel est le fait à établir, et dans les limites où nous nous plaçons, nous n'hésitons pas à répondre oui. La douleur est chez lui comme chez l'homme une impression pénible; le degré dans la sensibilité peut seul différer. Il souffre comme nous et il y a équivalence sinon identité entre les deux cris. Le bœuf mugit, le chien aboie, l'enfant crie : chacun parle sa langue et la parle à sa manière, chacun rend une même émotion par des cris différents comme les hommes de nationalités différentes. On peut même prévoir que les hommes possédant des larynx identiques, et ressentant des impressions identiques, doivent pousser des cris identiques, et conclure de l'unité d'organisation à l'unité du langage primitif.

Le langage primitif n'est pas celui que les philologues désignent sous ce nom. Il s'agit pour nous du langage de l'homme primitif, aussi éloigné des langues dites primitives que les événements historiques le sont de la période préhistorique, langage dont il existe des traces introuvables dans toutes les langues, traces que l'on ne parviendrait à découvrir qu'à l'aide d'une analyse linguistique analogue à l'analyse spectrale. Il existe également des gestes instinctifs et primitifs au même degré et qui ont fait partie du langage primitif. Ainsi, on sait que tous les sourds-muets ont un ensemble de signes *naturels* et non artificiels, non appris. Placez en présence deux sourds-muets qui ne se connaissent pas, qui ne se sont jamais vus, ils parlent aussitôt par signes. Le signe est d'un usage général : deux personnes ne parlant pas la même langue, et ne pouvant en conséquence échanger leurs idées par la conversation, emploient sans hésitation les signes naturels.

Tandis que le langage animal est fixe, invariable réduit aux éléments dont nous avons parlé, le langage humain va poursuivre son développement parallèlement à celui de l'esprit humain. L'homme ajoute à son langage comme il ajoute à son esprit, et la perfection de l'un correspond à la perfection de l'autre. Chaque conquête nouvelle de l'esprit humain entraîne comme conséquence un accroissement et un perfectionnement dans le langage.

L'animal traduit ses impressions par ses cris, mais il ne nomme pas les corps qui l'environnent : les eaux, la terre, les étoiles, le soleil, ni les objets qu'il voit ou qu'il touche, comme la maison, le feu, les aliments, ni les êtres qui lui sont chers, comme le père et la mère. Au contraire, l'enfant, l'homme primitif attache un nom à toute chose; c'est un son imitatif, une sorte d'onomatopée qui rappelle plus ou moins pour lui la chose représentée : le concret d'abord, l'abstrait, le général ensuite. L'intelligence de l'enfant et de tout esprit inculte est fermée aux abstractions; la métaphysique ne leur convient pas. Il faut un état de civilisation très avancée chez un peuple pour que les idées générales se manifestent ainsi que le langage qui leur convient. L'esprit humain est ainsi fait. L'homme voit les objets, il les perçoit, il en a l'idée, il est frappé par une propriété saillante de l'objet et il rappelle cette propriété par un son.

On croit souvent que les enfants généralisent parce que, leur attention ayant été appelée sur un objet, ils désignent tous les objets semblables lorsqu'on les invite à en désigner un seul ainsi : ils appellent papa tous les hommes indistinctement. Comment M. Taine a-t-il pu s'y tromper ? On montre à un enfant un portrait déterminé, celui de son père, puis, à un autre moment, on lui demande de montrer le portrait et il se tourne alors vers un tableau quelconque. — Ce n'est pas une généralisation ; l'enfant ne voit qu'un tableau unique dans tous les tableaux. Avant un certain âge, il lui est impossible de discerner ce qu'il y a sur un tableau. Nos paysans traversent les galeries du Louvre avec indifférence et préfèrent de beaucoup un dessin grossier avec des enluminures, aux toiles des maîtres, qu'ils ne comprennent pas plus que les symphonies de Mendelssohn et l'algèbre. L'enfant qui reste froid à la vue des poupées de nos jours, chefs-d'œuvre inutiles, se passionne pour une grossière poupée taillée dans le bois en quelques coups de hache.

On ne saurait admettre que l'enfant à qui l'on dit : « Montre papa ! » comprend le sens de ces mots ; autant vaudrait dire qu'il comprend le verbiage dont on se sert avec lui comme de langage. Ce sont des sons, des intonations qu'il entend et dont il comprend le sens. Nous sommes forcés de recommencer à parcourir avec nos enfants les étapes qu'ont parcourues nos ancêtres. Il serait au moins imprudent d'employer trop tôt avec eux notre langage civilisé.

Ainsi, dès l'origine, l'homme se distingue des animaux par son langage et, par conséquent, par ses idées. A peine avons-nous poussé quelques cris, préludes du langage humain, que nous parlons. Nous ne restons pas longtemps au même niveau que l'animal; nous le dépassons tout de suite; nous commençons par un travail de dénomination : nous étiquetons toute chose. C'est là une œuvre purement intellectuelle et dont l'intelligence de l'animal est incapable. Aucun aboiement, mugissement ou cri n'est employé à désigner un être ou un objet. Nous sommes donc autorisé à conclure que le cerveau de l'animal n'est pas le siège d'un travail analogue à celui qui se produit dans le cerveau de l'homme. L'animal voit des images, et il éprouve pour ces images et pour ce qui en émane et frappe ses divers sens, des impressions diverses qui lui inspirent les cris d'éloignement ou de désir. Le chien sent un mets dont l'odeur lui est agréable; il le mange sans s'informer en lui-même du nom qu'il porte. Quand il aura faim, il demandera sa pâtée, non une pâtée déterminée par des aboiements; l'enfant demandera du chocolat, de la soupe, ou tout autre aliment déterminé qu'il aime.

Il y a donc une langue primitive, ébauche informe de toutes les langues, composée d'un petit nombre de mots répondant au petit nombre des idées, et déjà, cette langue originelle dont on ne retrouve presque plus de traces, surpasse de beaucoup le prétendu langage des animaux les plus intelligents; elle le surpasse d'autant que les idées de l'homme primitif surpassent elles des animaux.

Aux gestes ou *signes naturels* qui accompagnent et complètent le langage oral rudimentaire, l'homme ajoute des signes écrits, dessin ou écriture, et probablement le dessin d'abord, comme étant de sa nature plus concret que l'écriture. — Cette dernière n'a peut-être consisté à l'origine qu'en représentations figuratives des objets. — Voilà comment s'est opérée la succession des opérations mentales qui ont contribué à la formation du langage : d'abord l'idée provoquée par un objet extérieur, sa forme orale associée au geste, sa forme représentative ou écrite. Il ne s'est pas produit d'idées générales à l'origine.

Ce travail considérable, l'homme a pu seul l'accomplir ; aucun animal ne saurait exécuter quelque chose d'analogue ou d'approchant. L'écriture et le dessin ne sont-ils pas d'ailleurs interdits à l'animal de par son organisation, en admettant même que la parole fût possible pour lui. Or, à quelque point de vue qu'on se place, quelques idées qu'on professe, la logique ne nous permet pas d'admettre que l'animal conçoit ce qu'il ne saurait exprimer. Qui n'exprime pas de pensée n'a pas de pensée. Les manifestations externes sont le reflet du travail interne ; rien n'est dans le langage qui n'ait été préalablement dans l'intelligence. Les arguments tirés du langage corroborent les conclusions déjà formulées plus haut sur la faible capacité intellectuelle de l'animal.

Le singe possède bien une main, mais cette main n'est point faite pour tenir une plume ou un crayon. La main du singe est au service du corps : par elle, l'animal grimpe et saisit ses aliments ; la main de l'homme est surtout aux ordres de l'esprit : par elle, il dessine, il calcule, il écrit, et l'organe est si bien sous la domination de l'esprit, que si la main est absente, le pied, quoique moins bien disposé, la remplace. De la sorte, l'homme qui ne possède que deux pieds parvient à faire ce que le singe ne saurait exécuter avec ses quatre mains.

*<br>* *

Le sourd-muet, l'aveugle, avec un sens de moins parviennent à développer leur intelligence parce qu'ils ont une intelligence susceptible de développement. Un sens manque-t-il dans l'homme, les autres le suppléent et acquièrent une sensibilité exceptionnelle par le fait d'un exercice plus fréquent. L'intelligence l'exige; c'est elle qui gouverne et non le corps. L'aveugle apprécie les formes sans les voir, comme le sourd juge les sons sans les entendre. Ainsi, bien que les sens soient les serviteurs de l'intelligence pour la renseigner sur le monde extérieur, l'intelligence sait, au besoin, se priver du concours de l'un d'eux pour connaître les notions qu'elle acquiert ordinairement à l'aide de celui-là même. L'absence d'un sens ne la laisse pas au dépourvu. Privée d'un de ses outils, elle transforme ceux qui lui restent de manière à remplacer celui qui lui manque. Qu'on cesse donc de voir dans des dispositions organiques seulement la raison du développement de l'intelligence.

Si les dispositions organiques suffisaient, l'aptitude que possède le perroquet devrait lui permettre de communiquer avec l'homme, mais le perroquet n'imite que des sons dépourvus de sens pour lui. S'il est vrai qu'un mot dit par un homme révèle une idée, et que l'idée s'est en quelque sorte frayé un passage au dehors au moyen de la parole, la réciproque n'est pas vraie : la parole venant du dehors ne crée pas l'idée au dedans. Le perroquet restera donc ce qu'il est, un oiseau qui imite des sons articulés dont il ne comprend pas le sens, et les hommes continueront à appeler perroquets ceux d'entre eux qui, comme ces oiseaux, parlent sans comprendre ce qu'ils disent, ou retiennent à l'aide de la mémoire ce que leur intelligence ne s'est pas approprié.

L'intelligence de l'animal est donc, comme nous l'avons dit, essentiellement limitée; déjà peu étendue de sa nature, elle n'est susceptible que d'un développement très restreint. Le monde est, pour elle, réduit aux impressions, aux sentiments qui naissent de la vie ordinaire. Nulle aspiration, nul travail qui ait son origine dans l'esprit. A proprement parler, l'animal ne pense pas, c'est-à-dire qu'il ne fait pas un travail dont l'esprit seul fasse les frais. Dès qu'elle n'est plus surexcitée, son intelligence, d'active qu'elle était, devient passive, jusqu'à ce qu'une nouvelle cause provoque son activité. Aussi, croyons-nous que les animaux ne connaissent pas l'ennui, « l'ennui, ce triste tyran de toutes les âmes qui pensent, contre lequel la sagesse peut moins que la folie », dit Buffon. Ils n'éprouvent pas ce malaise qui résulte du défaut d'activité de l'esprit, de cette absence d'intérêt pour les choses ; la conscience du temps échappe à l'animal ; il ne le trouve ni long ni court ; il n'en a aucune mesure. Comme les sauvages, comme les enfants, il n'éprouve pas de lassitude dans ses jeux et prolonge son repos au delà du besoin. Il n'y a pas pour lui cette différence de situation morale que nous sentons dans le passage du travail à l'oisiveté ou inversement. L'uniformité n'a rien qui l'incommode. Sa vie n'est point une chaîne dont les événements sont les anneaux, mais une suite d'événements qui ne se lient pas ; tout entier à celui du moment, ceux qui sont accomplis ne sont pas dans le passé, et il n'en prévoit pas d'autres dans l'avenir. Passé, avenir, n'existent pas pour lui: Il m'est souvent arrivé, en voyant une voiture qui stationne pendant un long temps, de réfléchir à l'état de l'esprit du cheval et du cocher. Le premier n'éprouve aucun ennui ; l'autre bâille, s'étire ou trompe son ennui en lisant ou en donnant un libre cours à ses pensées. Le cocher s'ennuie d'ailleurs plus ou moins, en raison de l'activité de son esprit. Qu'on attribue le fait à la Providence ou à une nature inconsciente, on ne peut qu'admirer cette heureuse rencontre de l'absence d'ennui chez un animal qui n'aurait aucun moyen de s'en défendre et qui serait ainsi fatalement condamné à la souffrance.

A cet égard, les animaux sont comme les insensés qui ne s'ennuient pas non plus. Comme ils ne deviennent pas fous, et que la folie prouve la raison, en ce qu'elle est la raison troublée, les animaux ne sont pas raisonnables : on ne perd que ce qu'on possède. L'animal n'est jamais inférieur à lui-même; l'homme qui s'enivre descend au-dessous de tous les animaux. Le premier est irresponsable, le second est au contraire responsable. En outre, les affections du cerveau qui provoquent les variétés de la folie chez l'homme, sont des dégénérescences qui ont leur source dans les chagrins, les préoccupations, les émotions profondes, etc. Or, je ne sache pas qu'on ait retrouvé dans les cerveaux d'animaux des traces analogues d'atrophie, de dégénérescence, de décomposition de la matière cérébrale. Lorsque l'homme est atteint dans son intelligence, on en sait les causes, on voit le progrès de la maladie, on en prévoit le terme, et on en trouve la cause matérielle dans l'état du cerveau après la mort.

### RÉSUMÉ

En résumé, entre l'intelligence de l'animal et celle de l'homme, il n'y a pas de différence d'essence ou de nature, en ce sens que l'une et l'autre manifestent des phénomènes de sensibilité, d'entendement et de volonté.

L'intelligence de l'animal présente ce caractère singulier que, réduite à elle seule, elle est passive;

son activité ne s'éveille que sous l'influence des phénomènes extérieurs.

L'intelligence de l'animal se meut dans une sphère étroite dont elle n'atteint même pas toujours les limites, si ce n'est sous notre impulsion, car l'animal n'aspire à aucun idéal, il n'a aucune idée de la perfection, et par conséquent nul désir d'en approcher. Quel mobile pourrait le pousser vers un but qu'il ignore ! N'est-ce pas pour notre seul profit que nous cultivons son intelligence ? Mais lui, quel bien en ressent-il ? Quel avantage en tire-t-il ? L'avantage qu'il a, l'animal n'en sait rien.

L'activité mentale de l'animal est circonscrite dans l'espace et dans le temps. Aucun infini ne le tourmente. De l'espace, il ne conçoit que ce qu'en embrassent ses sens, et quant au temps, il est tout entier au moment présent. Le champ de son action est borné à ses besoins, à ses appétits, à ses affections ; aucun souvenir d'un passé qu'il oublie, aucune inquiétude d'un avenir qu'il ignore.

On ne se représente pas un animal dont l'horizon intellectuel serait plus vaste ; il y aurait entre ses moyens d'action, ses organes et son intelligence un défaut d'harmonie qui ne se rencontre nulle part dans la nature. Quelles tortures morales ne résulteraient pas de l'union d'une âme humaine avec un corps d'animal ! Les auteurs de la métempsycose avaient-ils

mesuré toute la portée cruelle d'un pareil châtiment !

L'intelligence de l'homme traverse cette phase qui
répond à l'intelligence de l'animal, dans la première
enfance, dans cette période qui s'écoule de la naissance à la troisième année environ, période dont
nous n'avons conservé aucun souvenir et qui est
restée obscure pour chacun de nous. Tout se bornait
alors dans notre esprit à une succession d'impressions aussitôt effacées que senties. Ainsi disparaissent
sans laisser de traces les images que la lumière fait
naître sur la plaque photographique, lorsqu'elles
n'ont pas été *fixées*.

Et pourtant, pendant cette période nous avons
vécu, pensé, agi.

Quelqu'un peut donc penser, ne se pouvant connaître.

Notre réflexion ne s'appliquait qu'aux sensations
éveillées par les choses extérieures; notre esprit ne
se repliait pas sur lui-même; il ne se percevait pas
percevant (Broussais).

L'animal reste enfant; son intelligence ne traverse
pas de phase nouvelle. Chez l'homme, au contraire,
l'intelligence ne cesse pas de se modifier et de s'éten-
dre. A un certain moment de notre enfance, une lueur
perce l'obscurité relative de notre esprit. C'est l'éveil

de la conscience, du moi, de la personnalité. La lueur, d'abord faible, attisée par le travail de la pensée, est devenue lumière. A partir de ce moment, nous avons conservé le souvenir de nos actions, nous en avons compris l'importance relative, nous y avons attaché une idée de mérite et de démérite, nous nous sommes senti libre et responsable, nous sommes devenu un être moral.

L'animal, lui, pas plus que le très jeune enfant, ne discerne ni le bien ni le mal; il donne librement carrière à ses appétits, cherche à satisfaire largement ses goûts, et ne voit rien au delà du plaisir qu'il recherche ou de la douleur qu'il fuit. Il n'éprouve ni satisfaction ni remords. Il semble quelquefois regretter d'avoir fait le mal, tandis qu'il redoute seulement le châtiment qui en est la conséquence. Pour lui, point de mérite ni de démérite, point de liberté ni de responsabilité; l'animal n'est pas un être moral.

Dès que nous sommes sorti des limbes de l'intelligence, de cette première période sans individualité, notre développement se poursuit, et, s'il ne dévie pas, notre sensibilité devient plus vive, notre savoir plus étendu, notre raison plus ferme, notre conscience plus délicate. L'intelligence de l'homme, essentiellement perfectible, est toujours en activité et souvent en progrès.

Devenu homme, nous puisons dans la conscience de notre imperfection, et dans l'idée que nous avons de la perfection, le désir, le besoin, la volonté de nous perfectionner encore. Chaque homme ne combat pas d'ailleurs, pour lui seul, l'ignorance et le mal; l'humanité tout entière bénéficie des efforts de chacun de ses membres. Il existe pour ainsi dire deux hommes : l'homme simple et l'homme complexe ou l'humanité. Tous deux poursuivent simultanément leur marche et accomplissent leur évolution, tous deux sont perfectibles. Mais le premier est un être conscient et libre, tandis que l'autre n'est qu'une résultante.

Comment pourrions-nous nous résigner à voir la marche ascensionnelle du premier subitement interrompue par la mort, à voir l'évolution de l'être moral et responsable tout à coup suspendue, pendant que l'humanité inconsciente et irresponsable serait immortelle! L'arbre meurt, dira-t-on, la forêt subsiste; les individus disparaissent, les espèces persistent. C'est la loi naturelle, fatale, inexorable. L'individu est toujours sacrifié; les espèces seules sont permanentes. Et quand cela serait vrai de la nature entière, il serait permis de réclamer une exception en faveur de l'homme. Où existe-t-il un être libre et responsable comme l'homme et possédant la notion du bien et du mal? Qui partage avec lui la souveraineté du globe? Qui peut lui être comparé pour prétendre aux mêmes espérances? Quel être pourrait aspirer à un monde qu'il ne conçoit pas?

L'animal n'éprouve pas le désir de connaître la vérité ni la justice; il ne voit point venir la mort et la mort ne le surprend pas. Il vit jusqu'au dernier de ses instants, sans inquiétude, comme sans espérance. Sa vie, composée d'épisodes qui se succèdent, sans lien entre eux, ne saurait être comparée à la vie continue de l'homme, à la succession des événements formant un tout dont la conscience de la personnalité est le lien. Pour l'âme de l'animal que serait l'immortalité, sinon la continuation du même état, sans modification, sans amélioration; une éternité uniforme? A quoi bon l'espace à qui ne se meut pas; à quoi bon l'avenir à qui n'espère pas?

L'homme a soif de vérité et de justice. Il pressent la perfection sous toutes ses formes et ne voit rien que d'imparfait autour de lui. La beauté ne lui apparaît qu'incomplète; la vérité, relative; la justice, la bonté, la vertu, infirmes par quelque côté; et pourtant il conçoit une beauté parfaite, une vérité absolue, une justice infaillible. Comment étouffer cette aspiration suprême vers l'idéal entrevu! Comment se ravir la noble espérance de l'approcher, sinon de l'atteindre! Eh quoi! rien au delà de cette tombe muette! La mort, la mort complète, absolue, sans espérance! Et le salaire de nos efforts, et la récompense de tant de vertus enfantées par l'espoir de l'immortalité, faut-il donc y renoncer? Sans doute il est un juge en nous qui nous blâme ou nous approuve, qui trouble le méchant comblé par la fortune, et console le juste accablé par le malheur, mais cela ne suffit pas : c'est une compensation à l'injustice; ce n'est pas la justice.

Et la tâche commencée, l'œuvre inachevée ne doit-elle pas être accomplie? N'avons-nous pas à poursuivre notre amélioration brusquement suspendue au moins en apparence? Ecoutons le poète :

> La mort est un sommeil, c'est un réveil peut-être.

Ne renonçons pas à cet espoir de voir, par delà les ténèbres de la tombe, l'aurore d'une nouvelle vie. Ce n'est pas là seulement une consolation pour les exilés de la terre qui croient à leur réunion future avec ceux qu'ils ont aimés. Il y va de notre dignité, car c'est de l'esprit et non du corps que nous la tenons; tout ce qui relève l'esprit la relève. Il y va aussi de l'avenir des peuples : comment un peuple pourrait-il se désintéresser de compter ou non dans son histoire les vertus, les dévouements, les sacrifices inspirés par l'espoir des récompenses éternelles!

FIN.



PARIS. — IMPRIMERIE ÉMILE MARTINET, RUE MIGNON, 2.

www.ingramcontent.com/pod-product-compliance
Lightning Source LLC
LaVergne TN
LVHW021431170726
843501LV00005B/1283